城市给排水
系统设计与技术研究

李淑欣　陆云华　王文静　主编

哈尔滨出版社
H.P.H
HARBIN PUBLISHING HOUSE

图书在版编目（CIP）数据

城市给排水系统设计与技术研究 / 李淑欣，陆云华，
王文静主编 . — 哈尔滨：哈尔滨出版社，2023.1
ISBN 978-7-5484-6651-2

Ⅰ . ①城… Ⅱ . ①李… ②陆… ③王… Ⅲ . ①城市公
用设施—给排水系统—系统设计 Ⅳ . ① TU991

中国版本图书馆 CIP 数据核字（2022）第 151986 号

书　　名：**城市给排水系统设计与技术研究**
CHENGSHI JIPAISHUI XITONG SHEJI YU JISHU YANJIU

作　　者：李淑欣　陆云华　王文静　主编

责任编辑：韩伟锋

封面设计：张　华

出版发行：哈尔滨出版社（Harbin Publishing House）

社　　址：哈尔滨市香坊区泰山路 82-9 号　邮编：150090

经　　销：全国新华书店

印　　刷：廊坊市广阳区九洲印刷厂

网　　址：www.hrbcbs.com

E - mail：hrbcbs@yeah.net

编辑版权热线：（0451）87900271　87900272

开　　本：787mm×1092mm　1/16　印张：12.5　字数：280 千字

版　　次：2023 年 1 月第 1 版

印　　次：2023 年 1 月第 1 次印刷

书　　号：ISBN 978-7-5484-6651-2

定　　价：68.00 元

凡购本社图书发现印装错误，请与本社印刷部联系调换。

服务热线：（0451）87900279

前　言

　　城市给排水系统的规划设计是个复杂的动态设计过程，完整的规划设计需要协调考虑各方面的因素。城市化进程的不断加快，使城市得以快速地发展，城市人口的急剧膨胀及工业的快速发展，迫使人们对给排水系统的要求不断提升。原有的城市给排水系统已越来越无法适应当前社会快速发展的需求，所以需要一个更为合理、先进的系统来保证城市居民对基础设施的需求。

　　随着我国社会经济水平的不断提高和城市化速度的不断加快，城市中的用水量不断增加，水资源的缺乏目前已经成为制约我国经济发展和城市供水能力的重要问题。为解决目前在城市中存在的给排水的矛盾，应该使用科学化的方式对城市给排水的工程进行设计。在设计的过程中运用现代化的信息技术，最终成为城市给排水工程建设的重要支持，保证城市给排水工程在建设过程中的高标准和高起点，在建设的过程中节约成本，避免资源浪费的现象发生，提高水资源的使用效率。

　　随着我国经济的不断进步，城市给排水系统也得到大力改善。在城市基础设施中，给排水工程是较为重要的组成部分，但是给排水系统整体规划与设计存在缺点，致使当前水资源消耗大，给排水系统威胁到城市的发展。为了更好地完成城市给排水系统设计，达到当前城市长久发展，本书对城市给排水系统设计与技术中急需解决的问题进行探讨，旨在为工作人员提供借鉴。

编委会成员

目　录

第一章　城市排水管道系统及其设计

城市生活和生产大量用水后产生各种各样受污染的水，其物理、生物、化学性质及成分发生改变，这种水称为污水或废水，统称为城市排水。城市区域的降水（包括降雨、冰雪融化水）也需要有组织地及时排放，习惯上这也包括在城市排水范围内。本章主要对城市排水管道系统及其设计技术进行详细的讲解。

第一节　城市排水的来源和排水系统

污水如果不加控制，直接排入江、河、湖、海、地下水等水体，将破坏自然生态环境，引起环境和健康问题；降水如果任意排放将影响城市正常秩序，甚至威胁到人们的生命财产安全。各类城市排水均需及时妥善地收集，处理、排放或回收利用。

一、排水的分类

1. 生活污水

生活污水是指人们日常生活中用过的水，一般来源于住宅、公共场所、机关、学校、医院、商店、工厂生活区等，其成分复杂，含有较多的有机物、氮、磷、病原微生物。这些污水需要收集起来，合理处理、排放或回用。

2. 工业废水

工业废水是指工业生产过程中排出的水。因为各种工厂的生产性质（如产品、原材料、生产工艺等）不同，故工业废水的水质差别很大。工业废水中有毒有害物质种类繁多，还有各种酸碱、难降解有机物、重金属、营养元素等，对陆地和水生动植物危害严重、必须严格处理。

常规的工业废水分类方法有以下三种：

（1）按工业废水的污染程度分

生产废水：指生产过程中受轻度污染或水温稍有升高的水（如工业冷却水、冲洗某些设备或车间地面水等）。

生产污水：指在使用过程中污染严重的水。这些水多数含有有毒有害物质，如有机物、重金属、酸碱有害病菌等，危害性很大，在排放前必须经过收集处理，有用的物质应注意回收利用。

（2）按污染物的成分分

如酸性废水、碱性废水、含氰废水、含酚废水等。这种分类法明确地指出了废水中主要污染物的成分。

（3）按所属行业分

如冶金废水、造纸废水、纺织印染废水、制革废水、屠宰废水、化工废水、农药废水、制药废水等。

3.降水

大气降水包括液态降水（如雨、露）和固态降水（如雪、冰雹、霜等）。降落雨水一般比较清洁，但其形成的径流量大，需要及时排放。冲洗街道用水和消防用水等，由于其性质和雨水相似，也并入雨水管道系统。雨水一般不需处理，可直接就近排入水体。由于降雨初期，雨水溶解空气中的大量酸性气体、汽车尾气、工厂废气、粉尘等污染物，降落地面后，又由于冲刷屋面、路面堆场、建筑工地等，使得前期雨水中含有大量的有机物、病原体、重金属、油脂、悬浮固体等污染物质。因此，前期雨水的污染程度较高，甚至超过了普通城市污水的污染程度。有的国家对污染严重地区雨水径流的排放做出了严格要求，例如，工业区、高速公路、机场等处的暴雨雨水要经过沉淀撇油等处理后才可以排放。目前，初期雨水的危害已受到广泛重视，我国部分大中型城市的建设中也开始考虑初期雨水的污染治理，但是由于缺乏经验，在设计中存在一定的问题。

二、排水系统及其任务

为保护生态环境，城市需要建设一整套的工程设施来排放、接纳、输送、处理和处置污水，该工程设施就称为排水工程。排水的收集、输送、处理和排放等工程设施以一定方式组合成的总体，称为排水系统。排水系统由管道系统（排水管网）和污水处理系统（污水处理厂）组成。管道系统是用于收集、输送废水至污水处理厂或出水口的设施，一般由排水设备、检查井、管渠、泵站等组成。污水处理系统是用于处理和利用废水的设施。

排水工程的基本任务是保障人民的健康与正常生活，保护生态环境免受污染，努力实现污水资源化，促进工农业生产发展。主要工程内容包括以下两个方面：收集各种污水，及时将其输送至适当地点；妥善处理后排放或再生利用。

三、城市污水

城市污水是指排入城市污水系统的污水的统称，主要包括生活污水和工业污水。在合流制排水系统中，还包括生产废水和截流的雨水。城市污水实际上是一种混合污水，其特点是水质水量变化很大，随着各种污水的混合比例和工业废水中污染物的特性不同而各有差异。目前，随着城市化进程加快，大量人口集聚城市，城市污水量非常大，造成的水污染在我国已居污染首位，必须经过收集处理才能排放。

第二节　城市各排水系统的组成部分及其体制

一、城市污水排水系统的主要组成部分

用于接纳城市污水的排水系统就是城市污水排水系统。城市污水排水系统主要由以下几部分组成：

1. 室内污水管道系统和设备

这部分由室内卫生器具和排水管道系统组成，归属于建筑给排水范畴。排水管连通用水设备与城市污水管道。污水管内有臭气，故用水器具本身或紧接用水器具的管子上常设有存水弯管，管内有一段存水（称为水封），用以阻隔污水管内臭气进入室内。室内污水系统除设排水支管和立管外，常设有穿过屋顶的通气管，或专用通气立管及环形通气管等，促使管内通风，具有防止管内出现负压，破坏水封，排放臭气，减小管道腐蚀等作用。在每一个出户管与居住小区管道相接的连接点设检查井，供检查和清通管道之用。

2. 室外污水管道系统

分布在地面下的依靠重力流输送污水至泵站、污水处理厂的管道系统称室外污水管道系统。它又分为居住小区污水管道系统及街道污水管道系统。

（1）居住小区污水管道系统

敷设在居住小区内，并连接（各）建筑物出户管的污水管道系统称为居住小区污水管道系统。该系统由接户管、小区支管、小区干管组成。居住小区污水排入城市排水系统时，其水质必须符合《污水排入城市下水道水质标准》。目前，许多城市均出台了《排水管理条例》，居住小区污水排出口的数量和位置要按照法定程序报城市排水管理部门审批同意。

（2）街道污水管道系统

敷设在街道下，用以排除居住小区管道内流来的污水管道系统称为街道污水管道系统。在一个市区内，其由城市支管、干管、主干管等组成。支管接纳居住小区干管内流来的污水或集中流量排出的污水；干管汇集输送由支管流来的污水，也常称流域干管；主干管汇集输送由两个或两个以上干管流来的污水。市郊总干管是接受主干管污水并输送至总泵站、污水处理厂或通至水体出水口的管道。由于污水处理厂和排放出口通常在城区以外，所以，市郊总干管一般在污水管道系统的覆盖区范围之外。

（3）管道系统上的附属构筑物

包括检查井、跌水井、倒虹管等。

3. 污水泵站及压力管道

污水一般以重力流排除，但由于地形条件等（如局部有低洼地带、管道埋深过大、需要翻越制高点等）的限制而发生困难，就需要设泵站。泵站分为局部泵站、中途泵站和总泵站等。压送从泵站出来的污水至高地自流管道或至污水处理厂的承压管段，称为压力管道。

4. 污水处理厂

污水处理厂是供处理和利用污水、污泥的一系列构筑物及其附属构筑物的综合体。在城市中常称为污水处理厂，在工厂中常称为废水处理站。城市污水处理厂一般设置在城市河流的下游地段，并与居民点或公共建筑保持一定的卫生防护距离。

5. 出水口及事故排出口

污水排入自然环境或天然水体的渠道或管道的终端口称为出水口，是整个城市污水排水系统的终点设施。事故排出口是指在污水排水系统中某些易于发生故障的设施前，如在总泵站的前面，所设置的临时使用出水口，仅在发生故障时，污水才通过事故排出口直接排入环境或水体。

二、工业污水排水系统的组成部分

工业污水既有可能排入市政排水管道与城市污水混合处理，也有可能经处理直接排放水体。在一般情况下，常常是厂内处理和与城市污水混合处理相结合。对于工业排水系统的设计，应当贯彻不同水质的废水，特别是水质特殊的废水，分别收集的制度以便分别处理。

工业废水排水系统有下列几个主要组成部分：

1. 车间内部管道系统和设备

主要用于收集各生产设备排出的工业废水，并将其排送至车间外部的厂区管道系统中去。

2. 厂区管道系统

敷设在工厂内，用以收集并输送各车间排出的工业废水的管道系统。厂区工业废水的管道系统，可根据具体情况设置若干个独立的管道系统，分质收集。

3. 污水泵站及压力管道

由于工业生产的复杂性，生产流程上产生的各类废水往往需要用泵来提升，因此，设置有压力管道和泵站。

4. 废水处理站

有些废水单独处理时技术简便、费用较少，还可从中回收有用物质，这时把处理或回收环节设在厂内或车间内，甚至结合到生产流程中去，并实现清洁生产是合理的。对于有机工业污水，使工业污水和生活污水混合，可以提高可生化性，合并处理一般是比较经济的。同时，适度的集中处理比广泛的分散处理更容易管理，容易保证处理效果。对于有毒、有害物质、重金属离子和不易生物降解的有害有机物质，必须在厂内废水处理站先行去除。

5. 管道系统上的附属构筑物

工业废水排水管道系统需配套隔油池、检查井及水质检测设施等。

三、雨水排水系统的主要组成部分

雨水排水系统主要包括：

1. 建筑物的雨水管道系统和设备

收集屋面雨水并将其排入建筑小区雨水管道系统，例如，重力流式和虹吸式屋面雨水排水系统。

2. 居住小区或工厂雨水管渠系统

分布在小区或工厂地面下的依靠重力流输送雨水的管道系统，它负责接纳从建筑雨水立管或路面上雨水口连接管汇集来的雨水。

3. 街道雨水管渠系统

各居住小区或工厂雨水管渠接入街道雨水管渠系统。

4. 排洪沟

在工厂或城市受山洪威胁的外围开沟以拦截洪水，通过防洪沟将洪水引出保护区，排入附近水体。

5. 出水口

设置在雨水系统与受纳水体的交界处，形式与污水的排放口相似。在雨水管道系统也设有检查井等附属构筑物。因雨水径流较大，一般应尽量不设或少设雨水泵站，但在必要时也需要设置泵站以抽升部分雨水。雨水收集利用是实现雨水资源化、节约用水、涵养地下水、降低面源污染，减轻城市洪涝和排水系统压力，改善和修复城市水环境的重要手段。

四、排水系统的体制

城市排水不同的收集、输送和处置的管道系统方式，称作排水管道系统的体制，简称排水体制。城市排水体制包括分流制和合流制。合流制是将生活污水、工业废水和降水混合在同一个管渠内排除的排水系统；分流制包括污水管道和雨水管道，是将生活污水和工业废水用一套或一套以上的管道系统，而雨水用另一条管道系统排除的排水系统。

1. 合流制排水系统

合流制排水系统是将生活污水、工业废水和雨水混合在同一个管渠内排除的系统。合流制排水系统包括以下三种形式：直排式合流制、截流式合流制和全处理式合流制。将城市混合污水不经任何处理，直接就近排入水体的排水方式称为直排式合流制，国内外早期的合流制排水系统均属此类；由于污水对水环境造成的污染越来越严重，为了减轻污水对水环境造成的污染和破坏，遂形成了截流式合流制。截流式合流制是在直排式合流制的基础上，修建沿河截流干管，在城市的下游建污水处理厂，并在适当位置设置溢流井。这种系统可以保证晴天时污水全部进入污水处理厂处理，雨天时一部分污水得到处理。在降雨量较小或水体水质要求较高的地区，可采用全处理式合流制，不再设置溢流井，将生活污水、工业废水和降水全部送到污水处理厂处理后排放。这种方式对环境水质的影响最小，但截流管管径大，旱季管内容易形成淤积，而处理厂的规模是按照雨季流量设计的，投资很大，利用率却不高，故而此种排水体制很少被采用。

（1）直流分散排放的合流制排水系统

直流分散排放的合流制排水系统属于早期的排水系统。由于这类合流制排水系统所接纳的污水不经处理就直接排放入水体，会造成水体的严重污染，无法满足环境保护要求，不应再有新建，现有的也必须加以改造。

（2）截流式合流制排水系统

截流式合流制排水系统设有一条截流主干管，晴天时，只有一个污水出口，污水经截流主干管到污水处理厂处理后排放。合流干管与截流主干管的相交处或相交前的合流干管上的检查井处设溢流井。雨天时，有多个污水出口，部分混合污水经处理厂处理后排放。

截流式合流制的排水系统最大的优点是可以利用原有的直流分散式合流制排水管道系统，可节省较多的建设资金，有利于城市老城区的管网改造。在我国目前乃至今后一段时间都会大量地对排水管网进行改造。

2. 分流制排水系统

分流制排水系统是将生活污水、工业废水和雨水分别在两个或两个以上各自独立的管渠内排放的系统。其中，排放生活污水、工业废水或城市污水的系统称作污水排水系统；排放雨水的系统称作雨水排水系统。

根据雨水排水系统是否完善，分流制排水系统又分为完全分流制、不完全分流制排水系统和截流式分流制排水系统。完全分流制系统指具有完善的污水和雨水排水系统；不完全分流制系统指具有完善的污水排水系统，而雨水排水系统未建或不完善的排水系统。完全分流制排水系统分设污水和雨水两个管渠系统，前者汇集生活污水、工业废水，送至处理厂，经处理后排放或加以利用；后者通过各种排水设施汇集城市内的雨水和部分工业废水，就近排入水体。但初期雨水未经处理直接排放到水体，对水污染严重。

国内外对雨水径流的水质调查发现，雨水径流特别是初降雨水径流对水体的污染相当严重，因此，提出对雨水径流也要严格控制的截流式分流制排水系统。截流式分流制排水系统既有污水排水系统，又有雨水排水系统，与完全分流制的不同之处在于，它具有把初期雨水引入污水管道的特殊设施，称雨水截流井。在小雨时，雨水通过初期雨水截流干管与污水一起进入污水处理厂处理；大雨时，雨水跳跃截流干管经雨水出流干管排入水体。截流式分流制系统的关键是初期雨水截流井，要保证初期雨水进入截流管，中期以后的雨水直接排入水体；同时，截流井中的污水不能溢出泄入水体。截流式分流制系统可以较好地保护水体不受污染，由于仅接纳污水和初期雨水，截流管的断面小于截流式合流制系统，进入截流管内的流量和水质相对稳定，也减少了污水泵站和污水处理厂的运行管理费用。

不完全分流制只建污水排水系统，未建雨水排水系统，雨水沿着地面、道路边沟和明渠泄入水体。或者在原有渠道排水能力不足之处修建部分雨水管道，待城市进一步发展或有资金时再修建雨水排水系统。该排水体制投资少，主要用于有合适的地形，有比较健全的明渠水系的地方，以便顺利排泄雨水。目前，还有很多城市区域在使用，不过它没有完整的雨水管道，在雨季容易造成径流污染和洪涝灾害，所以最终还是得改造为完全分流制。

3. 工业企业的排水体制

在工业企业中，一般采用分流制排水系统。由于工业废水的成分和性质很复杂，不但与生活污水不宜混合，而且相互之间也不宜混合，否则将造成污水和污泥处理复杂化，以及给废水重复利用和回收有用物质造成很大困难。所以，工厂内部废水宜采用分质分流、清污分流的几种管道系统来分别排除。

·分质分流，根据污水的成分和性质的不同分别采用独立的管道系统；
·清污分流，指生产废水和生产污水的分流；
·水质相似，则可以合并，不同就应分开。

生产废水可并入雨水管道或循环重复利用。对含有特殊污染物质的生产污水不允许直排，应设局部预处理设施。对于工业废水的处理，应首先从改革生产工艺和技术革新入手，力求把有害物质消除在生产过程之中，做到不排或少排废水（清洁生产）。对于必须排出的废水，还应采取下列措施：采用循环利用和重复利用系统，尽量减少废水排放量；按不同水质分别回收利用废水中的有用物质，创造价值；利用本厂和厂际的废水、废气、废渣，以废治废。

在规划工业企业排水系统时，会遇到位于城区的工业企业排放的工业废水能否直接排入城市排水系统与城市污水一并排除和处理的问题。工业废水接入城市排水系统的水质应按有关标准执行，不应影响城市排水管渠和污水处理厂等的正常运行；不应对养护管理人员造成危害；不应影响处理后出水的再生利用和安全排放；不应影响污泥的处理和处置。当工业企业位于城市远郊区或距离较远，其排水又符合排入城市排水管道水质要求，是直接排入城市排水管道与城市污水合并处理还是单独设置排水系统，应根据技术经济比较确定。

4. 混合制排水系统

混合制排水系统是指一个城市既建有合流制系统，也有分流制排水系统。混合制并非独立的排水体制，一般是在旧城市扩建中出现，老城区为合流制，而新城区为分流制的混合体制。

五、排水系统体制的选择

排水系统的体制从根本上影响排水系统的设计、施工、维护管理，对城市和工业企业的规划和环境保护影响深远；同时，也影响排水系统工程的总投资、初期投资费用和维护管理费用。

排水系统体制的选择应根据城市及工业企业的总体规划、环境保护的要求、当地自然条件（地理位置、地形、气候）、污水利用情况、原有排水设施、水质、水量和废水受纳水体条件等，从全局出发，在满足环境保护的前提下，通过技术经济比较，综合考虑确定。我国《室外排水设计规范》《城市排水工程规划规范》规定：

1.新建地区（新建城市、扩建城市、新开发区或旧城改造地区，简称新扩改）排水系统应采用分流制。

2.在附近有水量充沛的河流或近海，发展又受到限制的小城市地区；在街道较窄、地下设施较多，修建污水和雨水两条管线有困难的地区；或在雨水稀少、废水全部处理的地区等，采用合流制排水系统有时可能是有利和合理的。

通常排水系统体制的选择长期来看应满足环境保护对水环境、生态环境的需要，应根据城市的总体规划、财政等具体情况，通过技术、经济比较、科学合理地确定。从环境保护方面来看，如果采用全处理式合流制，控制和防止水污染的效果较好，但污水干管断面尺寸巨大，污水处理厂规模增加，一次性投资的工程建设费用较高，长期维护运行费用也大，在多雨地区根本无法实现。而采用截流式合流制时，雨天有部分混流的污水通过溢流并排入水体，对水环境影响较大。实践证明，采用截流式合流制的城市，随着其城市建设的发展，河流污染将日益严重。分流制可以将城市污水全部送至污水处理厂进行处理，但初降雨水径流则未加处理直接排入水体，这是分流制的缺点。

分流制比较灵活，能适应社会发展，一般又能符合城市环保的要求，是城市排水系统体制的发展方向。从工程投资方面来看，合流制排水管道系统的工程总投资比分流制一般要低20%~40%，但污水处理厂的工程建设费用却高于分流制；从维护管理方面来看，合流制排水管道管径较大，晴天的污水流量小、流速低，易于产生沉淀，且晴天和雨天的污水流量，污水水质变化较大，增加了合流制污水处理厂运行管理的复杂性，出水的水质不稳定。而分流制污、雨水管道的设计流速超过了不淤流速，不易淤积。污水处理厂的水质水量稳定，其运行易于控制。

在排水体制的选择上，我国部分地区存在着不切实际地选择分流制的问题。分流制有很多优点，但对于经济不发达城市的老城区来讲，比如，道路不改造拓宽，小区不改造，尤其是受高房价影响，许多城市的住房阳台改成厨房或装上洗衣机，其产生的污水排入雨水管道系统，即使污水主干管已经建成，那么也无法实施雨、污分流。其结果只能是一方面污水总干管未能充分利用，造成投资浪费；另一方面污水还是走雨水管道排河，继续污染水体。西方国家的实践表明，为了进一步改善受纳水体的水质，将合流制改造为分流制，其费用高昂而效果有限，而在合流制系统中建造一些辅助设施则较更为经济而有效。英、法等国家的大部分城市也仍保留了合流制体系，通过修建合流管渠截流干管，即改造成截流式合流制排水系统，水体都得到很好保护。建立理想的分流制系统或将合流制系统改为完全分流制系统的成功率较小，部分地区在相当长的时间内采用合流制截流体系并将工作重点放在提高污水处理率上，这可能是保护水体的适宜方法。在对老城市合流制排水系统改造时要结合实际，制定可行方案，在各地新建开发区规划排水系统时也有必要充分分析当地条件，注意资金的合理运作。同时，还要从管理水平、动态发展角度进行研究，不应盲目地模仿生搬条款。在已有二级污水处理厂的合流制排水管网中的适当的地点建造新型的调节处理设施（如渗滤池、生物塘和湿地等）可能是进一步减轻城市水污染的有效补充措施。它能拦截暴雨初期"第一次冲刷"起的污染物送往污水处理厂处理，减少混合污水溢流的次数、水量和改善溢流的水质，以及均衡污水处理厂混合污水的水量和水质，它也能对污染物含量较多的雨水做初步处理。

总之，排水系统体制的选择是一项很复杂很重要的工作。应根据城市及工业企业的规划、环境保护的要求、污水利用情况、原有排水设施水质、水量、地形、气候和水体等条件，从全局出发，在满足环保的前提下，通过技术经济比较，综合考虑确定。我国《室外排水设计规范》规定，排水制度的选择，应根据城市的总体规划，结合当地的地形特点、水文条件、水体状况、气候特征、原有排水设施、污水处理程度和处理后出水利用等综合考虑确定。同一城市的不同地区可采用不同的排水制度，新建地区的排水系统宜采用分流制，合流制排水系统应设置污水截流设施。对水体保护要求高的地区，可对初期雨水进行截流、调蓄和处理，在缺水地区，宜对雨水进行收集、处理和综合利用。

第三节　城市排水系统的规划设计

排水工程的设计对象是需要新建、改建或扩建排水工程的城市、工业企业和工业区。主要任务是对排水管道系统和污水处理厂进行规划与设计。排水工程的规划与设计是在区域规划以及城市和工业企业的总体规划基础上进行的，应以区域规划以及城市和工业企业的规划与设计方案为依据，确定排水系统的排水区界、设计规模、设计期限。

一、排水工程规划设计原则

1.排水工程的规划应符合区域规划以及城市和工业企业的总体规划。城市和工业企业的道路规划、地下设施规划、竖向规划、人防工程规划等单项工程规划对排水工程的规划设计都有影响，要从全局观点出发，合理解决，构成有机的整体。

2.排水工程的规划与设计，要与邻近区域内的污水和污泥的处理和处置相协调。一个区域的污水系统，可能影响邻近区域，特别是影响下游区域的环境质量，故而在确定规划区的处理水平和处置方案时，必须在较大区域范围内综合考虑。根据排水规划，有几个区域同时或几乎同时修建时，应考虑合并起来处理和处置的可能性。

3. 排水工程规划与设计，应处理好污染源治理与集中处理的关系。城市污水应以点源治理与集中处理相结合，以城市集中处理为主的原则加以实施。

4. 城市污水是可贵的淡水资源，在规划中要考虑污水经再生后回用的方案。城市污水回用于工业用水是解决缺水城市资源短缺和水环境污染的可行之路。

5. 如设计排水区域内尚需考虑给水和防洪问题时，污水排水工程应与给水工程协调，雨水排水工程应与防洪工程协调，以节省总投资。

6. 排水工程的设计应全面规划，按近期设计，考虑远期发展有扩建的可能，并应根据使用要求和技术经济的合理性等因素，对近期工程做出分期建设的安排。排水工程的建设费用很大，分期建设可以更好地节省初期投资，并能更快地发挥工程建设的作用。分期建设应首先建设最急需的工程设施，使其能尽早地服务于最迫切需要的地区和建筑物。

7. 对城市和工业企业原有的排水工程进行改建和扩建时，应从实际出发，在满足环境保护的要求下，充分利用和发挥其效能，有计划、有步骤地加以改造，使其逐步完善和合理化。

8. 在规划与设计排水工程时，必须认真贯彻执行国家和地方有关部门制定的现行有关标准、规范或规定。

二、设计资料的调查

排水工程设计应先了解、研究设计任务书或批准文件的内容，弄清本工程的范围和要求，然后赴现场勘测，分析、核实、收集、补充有关的基础资料。进行排水工程设计时，通常需要有以下几方面的基础资料：

1. 明确任务的资料

与本工程有关的城市（地区）的总体规划：道路、交通、给水、排水、电力、电信、防洪、环保、燃气、园林绿化等各项专业工程的规划；需要明确本工程的设计范围、设计期限、设计人口数；拟用的排水体制；污水处置方式；受纳水体的位置及防治污染的要求；各类污水量定额及其主要水质指标；现有雨水、污水管道系统的走向，排出口位置和高程及其存在的问题；与给水、电力、电信、燃气等工程管线及其他市政设施可能的交叉；工程投资情况等。

2. 自然因素方面的资料

主要包括地形图、气象资料、水文资料、地质资料等。

3. 工程情况的资料

道路的现状和规划，比如，道路等级、路面宽度及材料；地面建筑物和地铁、其他地下建筑的位置和高程；给水、排水、电力、电信电缆、燃气等各种地下管线的位置；本地区建筑材料、管道制品、电力供应的情况和价格；建筑、安装单位的等级和装备情况等。

三、设计方案的确定

在掌握较为完整可靠的设计基础资料后，设计人员可根据工程的要求和特点，对工程中一些原则性的、涉及面较广的问题提出不同的解决办法。这些问题包括：排水体制的选择问题；接纳工业废水并进行集中处理和处置的可能性问题；污水分散处理或集中处理问题；近期建设和远期发展如何结合问题；设计期限的划分与相互衔接的问题；与给水、防洪等工程协调问题；污水出水口位置与形式选择问题；污水处理程度和污水、污泥处理工艺的选择问题；污水管道的布局、走向、长度、断面尺寸、埋设深度、管道材料，与障碍物相交时采用的工程措施的问题；中途泵站的数目与位置等。

为使设计方案体现国家现行方针政策，既技术先进，又切合实际，安全适用，具有良好的环境效益、经济效益和社会效益，必须对提出的设计方案进行技术经济比较，进行优选。技术经济比较内容为：排水系统的布局是否合理，是否体现了环境保护等各项方针政策的要求；工程量工程材料、施工运输条件、新技术采用情况；占地搬迁、基建投资和运行管理费用多少；操作管理是否方便等。

四、城市排水系统总平面布置

1. 影响排水系统布置的主要因素

城市、居住区或工业企业的排水系统在平面上的布置应依据地形、竖向规划污水处理厂的位置、土壤条件、河流情况，以及污水的种类和污染程度等因素而定。在工厂中，车间的位置、厂内交通运输线，以及地下设施等因素都将影响工业企业排水系统的布置。上述这些因素中，地形因素常常是影响系统平面布置的主要因素。

2. 排水系统的主要布置形式

（1）正交布置

在地势向水体适当倾斜的地区，各排水流域的干管可以以最短距离沿与水体垂直相交的方向布置，这种布置也称正交布置。正交布置的优点是干管长度短、管径小，因而经济，污水排出也迅速；缺点是由于污水未经处理就直接排放，会使水体遭受严重污染，影响环境。在现代城市中，这种布置形式仅用于排除雨水。

（2）截流式布置

若沿河岸再敷设主干管，并将各干管的污水截流送至污水处理厂，这种布置形式称截流式布置，所以截流式是正交式发展的结果。对减轻水污染，改善和保护环境有重大作用。截流式布置的优点是若用于分流制污水排水系统，除具有正交式的优点外，还解决了污染问题；缺点是若用于截流式合流制排水系统，因雨天有部分混合污水排入水体，造成水污染。它适用于分流制污水排水系统和截流式合流制排水系统。

（3）平行式布置

在地势向河流方向有较大倾斜的地区，为了避免因干管坡度及管内流速过大，使管道受到严重冲刷，可使干管与等高线及河道基本上平行、主干管与等高线及河道成一定斜角敷设，这种布置称平行式布置。平行式布置的优点是减少管道冲刷，便于维护管理；缺点是干管长度增加。它适用于分流制及合流制排水系统地面坡度较大的情况。

（4）分区布置

在地势高低相差很大的地区，当污水不能靠重力流至污水处理厂时，可分别在高地区和低地区敷设独立的管道系统。高地区的污水靠重力流直接流入污水处理厂，而低地区的污水则用水泵抽送至高地区干管或污水处理厂。这种布置形式叫作分区布置形式，其优点是能充分利用地形排水，节省电力，但这种布置只能用于个别阶梯地形或起伏很大的地区。

（5）辐射状分散布置

当城市周围有河流，或城市中央部分地势高、地势向周围倾斜的地区，各排水流域的干管常采用辐射状分散布置，各排水流域具有独立的排水系统。

（6）环绕式布置

由于建造污水处理厂用地不足，以及建造大型污水处理厂的基建投资和运行管理费用也较建小型厂经济等原因，故此不希望建造数量多、规模小的污水处理厂，而倾向于建造规模大的污水处理厂，所以由分散式发展成环绕式布置。这种形式是沿四周布置主干管，将各干管的污水截流送往污水处理厂。

第四节　城市污水管道系统设计

污水管道系统是由管道及其附属构筑物组成的。它的设计是依据批准的当地城市（地区）总体规划及排水工程总体规划进行的，设计的主要内容和深度应按照基本建设程序及有关的设计规定、规程确定，并以可靠的资料为依据。污水管道系统设计的主要内容包括：设计基础数据（包括设计地区的面积、设计人口数、污水定额、防洪标准等）的确定；污水管道系统的平面布置；污水管道设计流量计算和水力计算；污水管道系统上某些附属构筑物，如污水中途泵站、倒虹管、管桥等的设计计算；污水管道在街道横断面上位置的确定；绘制污水管道系统平面图和纵剖面图。

一、污水量计算

污水管道系统的设计流量是污水管道及其附属构筑物能保证通过的最大流量。通常以最大日最大时流量作为污水管道系统的设计流量，其单位为 L/s。它主要包括生活污水设计流量和工业废水设计流量两大部分。就生活污水而言，又可分为居民生活污水、公共设施排水、工业企业内生活污水和淋浴污水三部分。

1. 生活污水设计流量

城市生活污水量包括居住区生活污水量和工业企业生活污水量两部分。

（1）生活污水定额

生活污水定额可分为居民生活污水定额或综合生活污水定额。居民生活污水定额是指居民每人每天日常生活中洗涤、冲厕、洗澡等产生的污水量，它与用水量标准、室内卫生设备情况、气候、居住条件、生活水平，以及其他地方条件等因素有关。综合生活污水定额是指居民生活污水和公共设施（包括娱乐场所、宾馆、浴室、商业网点、学校和机关办公室等）排出污水两部分的总和，具体按设计区域的特点选用。

城市污水主要来源于城市用水，因此，污水定额与城市用水量定额之间有一定的比例关系，该比例称为排放系数。由于水在使用过程中的蒸发、形成工业产品等原因，部分生活污水或工业废水不再被收集到排水管道。在一般情况下，生活污水和工业废水的污水量小于用水量，但有些情况下也可能使污水量超过给水量，比如，当地下水位较高时，地下水有可能经污水管道接头处渗入，雨水经污水检查井流入。所以在确定污水量标准时，应对具体情况进行分析。居民生活污水定额可以根据当地的用水定额，结合建筑内部给排水设施水平和排放系统普及程度等因素确定。在按用水定额确定污水定额时，对给排水系统完善的地区，排放系数可按 90% 计，一般地区可按 80% 计，具体可结合当地的实际情况选用。

（2）设计人口

设计人口指污水排水系统设计期限终期的规划人口数，是计算污水设计流量的基本数据。该值是由城市（地区）的总体规划确定的。在计算污水管道服务的设计人口时，常用人口密度与服务面积相乘得到。

人口密度表示人口分布的情况，是指居住在单位面积上的人口数。若人口密度所用的地区面积包括街道、公园、运动场、水体等在内时，该人口密度称作总人口密度；若所用的面积只是街区内的建筑面积时，该人口密度称作街区人口密度。在规划或初步设计时，计算污水量是根据总人口密度计算，而在技术设计或施工图设计时，一般采用街区人口密度计算。

（3）生活污水量总变化系数

居住区生活污水定额是平均值，因此，根据设计人口和生活污水定额计算所得的是污水平均流量。而实际上流入污水管道的污水量时刻都在变化。污水量的变化程度通常用变化系数表示，变化系数分日、时及总变化系数。

·日变化系数（Kd）：一年中最大污水量与平均日污水量的比值；

·时变化系数（Kh）：最大日中最大时污水量与该日平均时污水量的比值；

·总变化系数（Kz）：最大日中最大时污水量与平均日平均时污水量的比值。

通常，污水管道的设计断面是根据最大日最大时污水流量确定，因此，需要求出总变化系数。然而一般城市缺乏日变化系数和时变化系数的数据，要直接求总变化系数有困难。实际上，污水流量的变化情况随着人口数和污水量定额的变化而定。若污水定额一定，流量变化幅度随人口数增加而减小；若人口数一定，流量变化幅度随污水量定额增加而减小。因此，在采用同一污水量标准的地区，上游管由于服务人口少，管道中出现的最大流量与平均流量的比值较大；而在下游管道中，服务人口多，来自各排水地区的污水由于流行时间不同，高峰流量得到削减，最大流量与平均流量的比值较小，流量变化幅度小于上游管道。

2. 工业废水设计流量

生产单位产品或加工单位数量原料所排出的平均废水量，也称作生产过程中单位产品的废水量定额。工业企业的工业废水量随各行业类型、采用的原材料、生产工艺特点和管理水平等有很大差异。《污水综合排放标准》对矿山工业、焦化企业（煤气厂）、有色金属冶炼及金属加工、石油炼制工业、合成洗涤剂工业、合成脂肪酸工业、湿法生产纤维板工业、制糖工业、皮革工业、发酵及酿造工业、铬盐工业硫酸工业（水洗法）、黏胶纤维工业（单纯纤维）、铁路货车洗刷、电影洗片、石油沥青工业等部分行业规定了最高允许排水量或最低允许水重复利用率。在排水工程设计时，可根据工业企业的类别、生产工艺特点等情况，按有关规定选用工业废水量定额。

在不同的工业企业中，工业废水的排出情况很不一致。某些工厂的工业废水是均匀排出的，但很多工厂废水排出情况变化很大，甚至一些车间的废水也可能在短时间内一次排放。因而工业废水量的变化取决于工厂的性质和生产工艺过程。工业废水量的日变化一般较少，其日变化系数可取 1。某些工业废水量的时变化系数大致如下，可供参考用：冶金工业 1.0~1.1；化学工业 1.3~1.5；纺织工业 1.5~2.0；食品工业 1.5~2.0；皮革工业 1.5~2.0；造纸工业 1.3~1.8。

3. 地下水渗入量

在地下水位较高地区，由于当地土质、管道、接口材料及施工质量等因素的影响，一般均存在地下水渗入现象，设计污水管道系统时应适当考虑地下水渗入量。地下水渗入量 Q_A 一般以单位管道长（m）或单位服务面积（hm^2）计算。为简化计算，也可按每人每日最大污水量的 10%~20% 计算地下水渗入量。

4. 城市污水设计总流量计算

城市污水管道系统的设计总流量一般采用直接求和的方法进行计算，即直接将上述各项污水设计流量计算结果相加，作为污水管道设计的依据，城市污水管道系统的设计总流量可用下式计算：

$$Q = Q_1 + Q_2 + Q_3 + Q_1 (L/s)$$

上述求污水总设计流量的方法，是假定排出的各种污水，都在同一时间内出现最大流量的。但在设计污水泵站和污水处理厂时，如果也采用各项污水最大时流量之和作为设计依据，将很不经济。因为各种污水量最大时流量同时发生的可能性较小，各种污水流量汇合时，可能互相调节，而使流量高峰降低。因此，为了正确合理地决定污水泵站和污水处理厂各处理构筑物的最大污水设计流量，就必须考虑各种污水流量的逐时变化。即知道一天中各种污水每小时的流量，然后将相同小时内的各种流量相加，求出一日中流量的逐时变化，取最大时流量作为总设计流量。按这种综合流量计算法求得的最大污水量，作为污水泵站和污水处理厂处理构筑物的设计流量，是比较经济合理的。但这需要污水量逐时变化资料，往往实际设计无此条件而不便采用。

5. 服务面积法计算设计管道的设计流量

排水管道系统的设计管段是指两个检查井之间，坡度、流量和管径预计不改变的连续管段。服务面积法具有不需要考察计算对象（某一特定设计管段）的本段流量、转输流量，过程简单，不容易出错的优点，其计算步骤如下：

（1）按照专业要求和经验划分排水流域；

（2）进行排水管道定线和布置。

（3）划分设计管段并进行编号。

（4）计算每一设计管段的服务面积。每一设计管段的服务面积就是该管段受纳排水的区域面积。

（5）分别计算设计管段服务面积内的生活污水设计流量和其他排水的流量，求和即得该设计管段的设计流量。

其他排水如工业污水，其变化规律与工业企业的规模、行业和技术水平密切相关，千差万别，因此需要另外予以计算，然后求和得出设计管段的设计流量。

二、污水管道水力计算与设计

1. 污水管道中污水流动的特点

污水由支管流入干管，由干管流入主干管，由主干管流入污水处理厂，管道由小到大，分布类似河流，呈树枝状，与给水管网的环流贯通情况完全不同。污水在管道中一般是靠管道两端的水面高差，即靠重力流动，管道内部不承受压力。流入污水管道的污水中含有一定数量的有机物和无机物，比重小的漂浮在水面上并随污水漂流；较重的分布在水流断面上并呈悬浮状态流动；最重的则沿着管底移动或淤积在管壁上。这种情况与清水的流动略有不同。但总的来说，污水含水率一般在99%以上，可按照一般水体流动的规律，并假定管道内水流是均匀流。但在污水管道中实测流速的结果表明管内的流速是有变化的。这主要是因为管道中水流流经转弯、交叉、变径、跌水等地点时水流状态发生改变，流速也就不断变化；同时，流量也在变化。因此，污水管道内水流不是均匀流。但在直线管段上，当流量没有很大变化又无沉淀物时，管内污水的流动状态可接近均匀流。如果在设计与施工中，注意改善管道的水力条件，则可使管内水流尽可能地接近均匀流。故在污水管道设计中采用均匀流相关水力学计算方法是合理的。

2. 污水管道水力计算的设计数据

从水力计算公式可知，设计流量与设计流速及过水断面积有关，而流速则是管壁粗糙系数、水力半径和水力坡度的函数。为了保证污水管道的正常运行，在《室外排水设计规范》中对这些因素做了规定，在污水管道进行水力计算时应予以遵守。

（1）设计充满度

当无压圆管均匀流的充满度接近 1 时，均匀流不易稳定，一旦受外界波动干扰，则易形成有压流和无压流的交替流动，且不易恢复至稳定的无压均匀流的流态。工程上进行无压圆管断面设计时，其设计充满度并不能取到输水性能最优充满度或是过流速度最优充满度，而应根据有关规范的规定，不允许超过最大设计充满度。这样规定的原因是：

1）有必要预留一部分管道断面，为未预见水量的介入留出空间，避免污水溢出妨碍环境卫生。因为污水流量时刻在变化，很难精确计算，而且雨水可能通过检查井盖上的孔口流入，地下水也可能通过管道接口渗入污水管道。

2）污水管道内沉积的污泥可能厌氧降解释放出一些有害气体。此外，污水中如含有汽油、苯、石油等易燃液体时，可能产生爆炸性气体，故需留出适当的空间，以利管道的通风，及时排除有害气体及易爆气体。

3）便于管道的疏通和维护管理。

（2）设计流速

与设计流量、设计充满度相对应的水流平均速度称为设计流速。污水在管内流动缓慢时，污水中所含杂质可能下沉，产生淤积；当污水流速增大时，可能产生冲刷现象，甚至损坏管道。为了防止管道中产生淤泥或冲刷，设计流速不宜过小或过大，应在最小设计流速和最大设计流速范围内。

最小设计流速是保证管道内不致发生沉淀淤积的流速。这一最低的限值与污水中所含悬浮物的成分和粒度有关；与管道的水力半径、管壁的粗糙系数有关。从实际运行情况看，流速是防止管道中污水所含悬浮物沉淀的重要因素，但不是唯一的因素。根据国内污水管道实际运行情况的观测数据并参考国外经验，污水管道的最小设计流速定为 0.6m/s。含有金属、矿物固体或重油杂质的生产污水管道，其最小设计流速宜适当加大，其值要根据试验或运行经验确定。最大设计流速是保证管道不被冲刷损坏的流速。该值与管道材料有关，一般地，金属管道的最大设计流速为 10m/s，非金属管道的最大设计流速为 5m/s。

（3）最小管径

一般污水在污水管道系统的上游部分，设计污水流量很小，若根据流量计算，则管径会很小。根据养护经验，管径过小极易堵塞，比如，150mm 支管的堵塞次数，有时会达到 200mm 支管堵塞次数的两倍，使养护管道的费用增加。而 200mm 与 150mm 管道在同样埋深下，施工费用相差不多。此外，因采用较大的管径，可选用较小的坡度，使管道埋深减小。因此，为了养护工作的方便，常规定一个允许的最小管径。在街道和厂区内最小管径为 200mm，在街道下为 300mm。在进行管道水力计算时，上游管段由于服务的排水面积小，因而设计流量小、按此流量计算得出的管径小于最小管径，此时就采用最小管径值。因此，一般可根据最小管径在最小设计流速和最大充满度情况下能通过的最大流量值，进一步估算出设计管段服务的排水面积。若设计管段的服务面积小于此值，即直接采用最小管径和相应的最小坡度而不再进行水力计算，这种管段称为非计算管段。在这些管段中，当有适当的冲洗水源时，可考虑设置冲洗井，以保证这类小管径管道的畅通。

（4）最小设计坡度

在污水管道系统设计时，通常使管道埋设坡度与设计地区的地面坡度基本一致，但管道坡度造成的流速应等于或大于最小设计流速，以防止管道内产生沉淀。这一点在地势平坦或管道走向与地面坡度相反时尤为重要。因此，将对应于管内流速为最小设计流速时的管道坡度叫作最小设计坡度。

从水力计算公式看出，设计坡度与设计流速的平方成正比，与水力半径的4/9次方成反比。由于水力半径又是过水断面积与湿周的比值，因此，当在给定设计充满度条件下管径越大，相应的最小设计坡度值也就越小。所以只需规定最小管径的最小设计坡度值即可。具体规定是管径200mm的最小设计坡度为0.004；管径300mm的最小设计坡度为0.003。

在给定管径和坡度的圆形管道中，满流与半满流运行时的流速是相等的；处于满流和半满流之间的理论流速则略大一些；而随着水深降至半满流以下，则其流速逐渐下降。因此在确定最小管径的最小坡度时采用的设计充满度为0.5。

3. 污水管道的埋设深度

通常，污水管网占污水工程总投资的50%~75%，而构成污水管道造价的挖填沟槽、沟槽支撑、湿土排水、管道基础、管道铺设各部分的比重与管道的埋设深度及开槽支撑方式有很大关系。在实际工程中，同一直径的管道，采用的管材、接口和基础形式均相同，因其埋设深度不同，管道单位长度的工程费用相差较大。因此，合理地确定管道埋深对于降低工程造价是十分重要的。在土质较差、地下水位较高的地区，若能设法减小管道埋深，对于降低工程造价尤为明显。

· 覆土厚度：是指管道外壁顶部到地面的距离；

· 埋设深度：是指管道内壁底部到地面的距离。

这两个数值都能说明管道的埋设深度。为了降低造价，缩短施工期，管道埋设深度越小越好。但覆土厚度应有一个最小的限值，否则就不能满足技术上的要求，这个最小限值称为最小覆土厚度。

污水管道的最小覆土厚度，一般应满足下述三个因素的要求：

（1）防止冰冻膨胀而损坏管道

生活污水温度较高，即使在冬天水温也不会低于4℃。很多工业废水的温度也比较高。此外，污水管道按一定的坡度敷设，管内污水经常保持一定的流量，以一定的流速不断流动。因此，污水在管道内是不会冰冻的，管道周围的土壤也不会冰冻。所以，不必把整个污水管道都埋设在土壤冰冻线以下。但如果将管道全部埋设在冰冻线以上，则因土壤冰冻膨胀可能损坏管道基础，从而损坏管道。《室外排水设计规范》规定，冰冻层内污水管道的埋设深度，应根据流量、水温、水流情况和敷设位置等因素确定，对于无保温措施的生活污水管道或水温与生活污水接近的工业废水管道，管底可埋设在冰冻线以上 0.15m。

（2）必须防止管壁因地面荷载而受到破坏

埋设在地面下的污水管道承受着覆盖其上的土壤静荷载和地面上车辆运行产生的动荷载。为了防止管道因外部荷载影响而损坏，首先要注意管材质量，另外必须保证管道有一定的覆土厚度。因为车辆运行对管道产生的动荷载，其垂直压力随着深度增加而向管道两侧传递，最后只有一部分集中的轮压力传递到地下管道下。从这一因素考虑并结合各地埋管经验，车行道下管道最小覆土厚度不宜小于 0.7m；非车行道下的污水管道若能满足管道衔接的要求以及无动荷载的影响，其最小覆土厚度值也可以适当减少。

（3）必须满足街区污水连接管衔接的要求

城市住宅、公共建筑内产生的污水要能顺畅排入街道污水管网，就必须保证街道污水管网起点的埋深大于或等于街坊污水管终点的埋深。而街区污水管起点的埋深又必须大于或等于建筑物污水出户管的埋深，以便接入支管。对于气候温暖又地势平坦地区而言，确定在街道管网起点的最小埋深或覆土厚度很重要的因素。从安装技术方面考虑，要使建筑物首层卫生设备的污水能顺利排出，污水出户管的最小埋深一般采用 0.5~0.7m，所以街区污水管道起点最小埋深也应有 0.6~0.7m。

对于每一个具体管道，从上述三个不同的因素出发，可以得到三个不同的管底埋深或管顶覆土厚度值。这三个数值中的最大一个就是这一管道的允许最小覆土厚度或最小埋设深度。

除考虑管道的最小埋深外，还应考虑最大埋深问题。污水在管道中依靠重力从高处流向低处。当管道的坡度大于地面坡度时，管道的埋深就越来越大，尤其在地形平坦的地区更为突出。埋深越大，则造价越高，施工期也越长。管道埋深允许的最大值称为最大允许埋深。该值的确定应根据技术经济指标及施工方法而定，一般在干燥土壤中，最大埋深不超过 7~8m；在多水、石灰岩地层中，一般不超过 5m。

4.污水管道的衔接

管道衔接时应遵循以下两个原则：

（1）尽可能提高下游管道的高程，以减小管道的埋深，降低造价。

（2）避免在上游管段中形成回水而造成淤积。

水面平接是指在水力计算中，使污水管道上游管段终端和下游管段起端在设计充满度条件下的水面相平，即上游管段终端与下游管段起端的水面标高相同。一般用于上下游管径相同的污水管道的衔接。

管顶平接是指在水力计算中，使上游管段终端和下游管段起端的管内顶标高相同。一般用于上下游管径不同的污水管道的衔接。

5. 污水管道水力计算与设计的方法

污水管道水力计算的目的在于合理、经济地选择管道断面尺寸、坡度和埋深。一般情况下是已知污水设计流量，求管道的断面尺寸和敷设坡度。计算时，必须认真分析设计地区的地形等条件，充分考虑水力计算设计数据的有关规定。所选择的管道断面尺寸，必须在规定的设计充满度和设计流速的情况下，能够排泄设计流量。管道坡度应参照地面坡度和最小坡度的规定确定。一方面要使管道尽可能与地面坡度平行敷设，这样可以不须增大埋深。但同时管道坡度又不能小于最小设计坡度的规定，以免管道内流速达不到最小设计流速而产生淤积；当然也应避免管道坡度太大，使流速大于最大设计流速而导致管壁受冲刷。

在进行管道水力计算时，应注意下列问题：

（1）必须进行深入细致的研究，慎重地确定管道系统的控制点。

（2）必须细致分析管道敷设坡度与管线经过地段的地面坡度之间的关系，使确定的管道敷设坡度，在满足最小设计流速要求的前提下，既不使管道的埋深过大，又便于旁侧支管顺畅接入。

（3）在水力计算自上游管段依次向下游管段进行时，随着设计流量的逐段增加，设计流速也应相应增加。如流量保持不变，流速也不应减小。只有当坡度大的管道接到坡度小的管道时，如下游管段的流速已大于1m/s（陶土管）或1.2m/s（混凝土、钢筋混凝土管），设计流速才允许减小。设计流量逐段增加，设计管径也应逐段增大；如设计流量变化不大，设计管径也不能减小；但当坡度小的管道接到坡度大的管道时，管径可以减小，但缩小的范围不得超过100mm，也不得小于最小管径的要求。

（4）在地面坡度太大的地区，为了减慢管内水流速度，防止管壁遭受冲刷，管道坡度往往需要小于地面坡度。这就有可能使下游管段的覆土厚度无法满足最小限值的要求，甚至超出地面，因此，应在适当的位置处设置跌水井，管段之间采用跌水井衔接。在旁侧支管与干管的交会处，若旁侧支管的管内底标高比干管的管内底标高大得太多，此时为保证干管有良好的水力条件，应在旁侧支管上先设跌水井，然后再与干管相接；反之，则需在干管上先设跌水井，使干管的埋深增大后，旁侧支管再接入。

（5）水流通过检查井时，常引起局部水头损失。为了尽量降低这项损失，检查井底部在直线管段上要严格采用直线，在管道转弯处要采用匀称的曲线。通常直线检查井可不考虑局部水头损失。

（6）在旁侧支管与干管的连接点上，要保证干管的已定埋深允许旁侧支管接入。同时，为避免旁侧支管和干管产生逆水和回水，旁侧支管中的设计流速不应大于干管的设计流速。

（7）为保证水力计算结果的正确可靠，同时，便于参照地面坡度确定管道坡度和检查管道间衔接的标高是否合适等，在水力计算的同时应尽量绘制管道的纵剖面草图。在草图上标出所需要的各个标高，以使管道水力计算正确、衔接合理。

（8）初步设计时，只进行主要干管和主干管的水力计算。技术设计和施工图设计时，要进行所有管段的水力计算。

第五节　城市雨水管渠系统及防洪工程的规划设计

降落在地面上的雨水，一部分被植物和地面的洼地截留，一部分渗入土壤，余下的一部分沿地面流入雨水管渠，这部分进入管渠的雨水量在排水工程中称为径流量。为防止暴雨径流的危害保证城市居住区与工业企业不被洪水淹没，保障生产、生活和人民生命财产安全，需修建雨水管渠系统，以便有组织地及时将暴雨径流排入水体。

一、雨水管渠系统设计概述

雨水管渠系统是由雨水口、雨水管渠、检查井、出水口等构筑物组成的一整套工程设施。雨水管渠设计的主要内容包括：确定暴雨强度公式；划分排水流域与排水方式，管渠定线，确定雨水泵站位置；确定设计方法和设计参数；计算设计流量和进行水力计算，确定每一设计管段的断面尺寸、坡度、管底标高及埋深；绘制管渠平面图和纵剖面图。

雨水管渠设计的主要原则是：

1. 采用当地暴雨强度公式。

2. 根据地形地貌划分排水流域，根据流域的具体条件、建筑密度与暴雨频繁程度确定排水方式。

3. 雨水管渠定线，应尽量利用地形，就近重力流排入水体。

4. 设计雨水管渠时，可结合城市规划，利用湖泊、池塘调节雨水。

5. 雨水口出口的布置方式，应根据出口的水体距离流域远近、水体水位变化幅度来确定。出口水体距离流域很近、水体水位变化不大，宜采用分散出口，使雨水就近排入水体，这样经济实用，反之则宜采用集中出口。

6. 根据《室外排水设计规范》的规定，采用推理公式计算设计流量。

二、雨水管渠系统的设计和计算

雨水管渠系统设计的基本要求是能通畅、及时地排走城市或工厂汇水面积内的暴雨径流量。设计人员应深入现场进行调查研究，勘踏地形，了解排水走向，搜集当地的设计基础资料，作为选择设计方案及设计计算的可靠依据。

1. 雨水管渠系统平面布置

（1）充分利用地形，就近排入水体

地形坡度较大时，雨水干管宜布置在地面标高较低处，地形平坦时，雨水干管宜布置在排水流域的中间，当雨水管渠接入池塘或河道时，采用分散出水口式的管道布置；当河流水位变化很大，或管道出口离水体较远，需要提升泵站时，采用集中出水口式的管道布置。同时，也宜在雨水进泵站前的适当地点设置调节池，以保证泵站运行安全。

（2）根据城市规划布置雨水管道

通常应根据建筑物的分布、道路布置、街区内部的地形等布置雨水管道，使街区内绝大部分雨水以最短距离排入街道低侧的雨水管道。雨水管道应以平行道路布设，且宜布置在人行道或草地带下，而不宜布置在快车道下，以免积水时影响交通或维修管道时破坏路面。若道路宽度大于 40m 时，可考虑在道路两侧分别设置雨水管道。

雨水管道的平面布置与竖向布置应考虑与其他地下构筑物的协调配合。在有池塘、坑洼的地方，可考虑雨水的调蓄。在有连接条件的地方，应考虑两个管道系统之间的连接。

（3）合理设置雨水口，保证路面雨水排除畅通

雨水口应根据地形以及汇水面积确定。一般来说，在道路交叉口的汇水点、低洼地段、道路直线段一定距离处（25~50m）均应设置雨水口。

（4）雨水管渠采用明渠或暗管，应结合具体条件确定

在城市市区或工厂内，建筑密度较高，交通量较大，雨水管道一般应采用暗管。在地形平坦地区，埋设深度或出水口深度受限制地区，可采用盖板渠排除雨水。在城郊，建筑密度较低，交通量较小的地方，可考虑采用明渠，以节省工程费用，降低造价。但明渠容易淤积，滋生蚊蝇，影响环境卫生。在每条雨水干管的起端，应尽可能地采用道路边沟排除路面雨水。雨水暗管和明渠衔接处需采取一定的工程措施，以保证连接处良好的水力条件。

（5）设置排洪沟排除设计地区以外的雨洪径流

对于靠近山麓建设的工厂和居住区，除在厂区和居住区设雨水道外，尚应考虑在设计地区周围或超过设计区设置排洪沟，以拦截从分水岭以内排泄下来的雨洪，引入附近水体，保证工厂和居住区的安全。

2. 雨水管渠水力计算的设计数据

为保证雨水管渠的正常运行，《室外排水设计规范》对相关水力计算参数做出相应的技术规定，需要遵守。

（1）设计充满度

雨水中主要含有泥沙等无机物质，不同于污水的性质，加之暴雨径流量大，而相应较高设计重现期的暴雨强度的降雨历时一般不会太长。故管道设计充满度按满流考虑，即 $h/D=1$。明渠则应有 $\geqslant 0.20m$ 的超高。街道边沟应有 $\geqslant 0.30m$ 的超高。

（2）设计流速

雨水中往往泥沙含量大于污水，特别是初降雨水，为避免雨水所挟带的泥沙等无机物质在管渠内沉淀而堵塞管道，雨水管渠的最小设计流速应大于污水管道，满流时管道内最小设计流速为 0.75m/s。明渠内最小设计流速为 0.40m/s，为防止管壁受到冲刷而损坏，雨水管渠的最大设计流速规定为：金属管为 10m/s；非金属管为 5m/s。

（3）最小管径和最小设计坡度

雨水管最小管径为 300mm，相应的最小坡度为 0.003；雨水口连接管最小管径为 200mm，最小坡度为 0.01。

（4）最小埋深与最大埋深

具体规定同污水管道。

3. 雨水管渠水力计算方法

计算目的是合理确定管径、坡度和埋深。所选管道断面尺寸必须能够在规定的设计流速下，排泄设计流量。雨水管渠水力计算仍按均匀流考虑，其水力计算公式与污水管道相同，但按满流即 h/D=1 计算。在实际计算中，通常采用根据公式制成的水力计算图或水力计算表。

4. 雨水管渠系统的设计步骤和水力计算

首先要收集和整理设计地区的各种原始资料作为基本的设计数据，然后根据具体情况进行设计。

（1）划分排水流域和管道定线

应根据城市的总体规划图或工厂的总平面图，按实际地形划分排水流域。为了充分利用街道边沟的排水能力，每条干管起端 100m 左右可视具体情况不设雨水暗管。雨水支管一般设在街区较低侧的道路下。

（2）划分设计管段

根据管道的具体位置，在管道转弯处、管径或坡度改变处、有支管接入处或两条以上管道交会处，以及超过一定距离的直线管段上都应设置检查井。把两个检查井之间流量没有变化且预计管径和坡度也没有变化的管段定为设计管段，并从管段上游往下游按顺序进行检查井的编号。

（3）均匀划分并计算各设计管段的汇水面积

各设计管段汇水面积应结合地形坡度、汇水面积的大小以及雨水管道布置等情况而划定。地形较平坦时，可按就近排入附近雨水管道的原则划分汇水面积；地形坡度较大时，应按地面雨水径流的水流方向划分汇水面积。并将每块面积进行编号，计算其面积的数值注明在图中。汇水面积除街区外，还包括街道绿地。

（4）确定各排水流域的平均径流系数值

通常根据排水流域内各类地面的面积数或所占比例，计算出该排水流域的平均径流系数；也可根据规划的地区类别，采用区域综合径流系数。

（5）确定设计重现期 P 和地面集水时间 T_0

根据地形坡度、地区重要性、地面覆盖、汇水面积大小等情况确定 P 和 T_0。

（6）列表进行雨水干管的设计流量和水力计算

以求得各管段的设计流量及确定各管段的管径、坡度、流速、管底标高和管道埋深值等。

计算时需先确定管道起点的埋深或是管底标高。雨水管道衔接一般采用管顶平接。若有旁侧管道接入，应选择管底标高低的那一根，如高差较大，应考虑跌水措施。

（7）绘制图纸

包括地形、管道的平面图和剖面图。

5. 立体交叉道路排水

随着国民经济和城市化建设的不断发展，城市道路的功能得到不断完善，复杂的城市道路网络具有越来越多的城市立交桥。而立交排水问题也已逐渐成为一个影响城市交通安全顺畅运行的重要因素，受到有关部门的重视。立体交叉道路排水应排除汇水区域的地面径流水和影响道路功能的地下水，其形式应根据当地规划、现场水文地质条件、立交形式等工程特点确定。

立交雨水排水系统的作用是有效地排除立交范围内汇集的大量雨水，维持城市道路安全顺畅地运行。由于立交两侧引道纵坡一般都较大，具有降雨时聚水较快的特点，若排除不及时就会威胁到行车行人的安全，以致中断道路交通，而众多立交一般又位于城市道路系统的咽喉部位，一旦交通中断往往影响很大，所以对其排水要求高于一般的雨水排水系统。立交雨水排水系统由雨水收集系统和雨水泵站组成。

由于立交引道坡度较大（通常在2%～3.5%之间），造成雨水的地面径流流速较大，接近甚至超过管道排放的流速，在引道上设置雨水井效果并不理想，所以一般采取在立交最低处设置多篦集水井来收集雨水，就近进入泵站集水池。多篦水井的个数是雨水设计流量与单个集水井容纳流量的比值，并考虑1.2～1.5的堵塞系数。

设计与运行经验表明，利用潜水泵的立交排水泵站在实践中取得的效果较好，这是由潜水泵及潜水泵站的优点所决定的，其优点为：工程投资省，一般可节省40%～60%，工期可以缩短1/2～2/3；安装维护方便，可临时安装；运行安全可靠，辅助设备少，降低了故障率；运行条件大为改善，泵房与控制室分开，振动、噪声小；自动化程度高，潜水泵机组启动程序简单，操作程序简化；泵房结构简化。

立交雨水排水系统设计与城市雨水排水系统的设计原理相同，但有其特殊性。立交道路雨水排水系统因其整个系统较周围环境要低，需要重点考虑排水安全性，故其设计参数较一般排水系统要相应提高。在《室外排水设计规范》中对立体交叉道路的雨水管道设计参数有明确的规定，即重要干道、地区或短期积水即能引起严重后果的地区，重现期一般选用3～5年。

立体交叉道路排水的地面径流量计算，宜符合下列规定：设计重现期不小于3a，重要区域标准可适当提高，同一立体交叉工程的不同部位可采用不同的重现期；地面集水时间宜为5～10min；径流系数宜为0.8～1.0；汇水面积应合理确定，宜采用高水高排、低水低排互不连通的系统，并应有防止高水进入低水系统的可靠措施；立体交叉地道排水应设独立的排水系统，其出水口必须可靠；当立体交叉地道工程的最低点位于地下水位以下时，应采取排水或控制地下水的措施；高架道路雨水口的间距宜为20～30m。每个雨水口单独用立管引至地面排水系统。雨水口的入口应设置格网。

第六节　合流制管渠系统的规划设计

一、合流制管渠系统的布置特点

合流制管渠系统有以下三种类型，即：直流式、截流式以及雨污水全部处理的形式。直流式合流制是最古老的合流制，其布置特点与雨水管渠类似，由于其对水污染严重，是必须进行改造的旧合流制排水系统。雨污水全部处理的合流制管渠系统中，需要建设大型雨水调节池，工程投资巨大，目前在我国还不太适宜。在旧合流制管渠系统的改造中，常用的是截流式合流制。

截流式合流制管渠系统的布置特点为：

1. 管渠的布置应使所有服务面积上的生活污水、工业废水和雨水都能合理地排入管渠，并能以最短距离坡流向水体。

2. 沿水体岸边布置与水体平行的截流干管，在截流干管的适当位置上设置溢流井，使超过截流干管设计输水能力的那部分混合污水能顺利地通过溢流井并就近排入水体。

3. 合理地确定溢流井的数目和位置，以便尽可能地减少对水体的污染、减少截流干管的尺寸和缩短排入渠道的长度。

4. 在合流制管渠系统的上游排水区域内，充分利用地面坡度排除雨水。如果雨水可沿地面的街道边沟排泄，则该区域可只设置污水管道。只有当雨水不能沿地面排泄时，才考虑布置合流管渠。

二、合流制排水管渠的水力计算

1. 水力计算内容

合流制排水管渠一般按满流设计。水力计算的设计数据，包括设计流速、最小坡度和最小管径等，基本上和雨水管渠的设计相同。合流制排水管渠的水力计算内容包括：溢流井上游合流管渠的计算；截流干管和溢流井的计算；按旱季流量情况校核流速，一般不宜小于 $0.35\sim0.5\text{m/s}$，当不能满足时，可修改设计管渠断面尺寸和坡度。

2. 水力计算要点

溢流井上游合流管渠的计算与雨水管渠的计算基本相同，但设计流量要包括雨水、生活污水和工业废水。合流管渠的雨水设计重现期一般应比同一情况下雨水管渠的设计重现期适当提高，有人认为可提高 10%～25%。因为虽然合流管渠中混合废水从检查井溢出街道的可能性不大，但合流管渠泛滥时溢出的混合污水比雨水管渠泛滥时溢出的雨水所造成的损失要大些，为了防止可能出现上述情况，合流管渠的设计重现期和允许的积水程度一般都需要从严掌握。

截流干管和溢流井的计算，主要是要合理地确定所采用的截流倍数 no。截流倍数 no 应根据旱流污水的水质和水量以及总变化系数，冰体的卫生要求，水文、气象条件等因素确定。我国《室外排水设计规范》规定采用 1~5，并规定采用的截流倍数必须经当地卫生主管部门的同意。在工作实践中，我国多数城市一般都采用截流倍数 no=3。

第七节 常用排水管材及其附属构筑物

一、常用排水管材及制品

1. 排水管材的断面

（1）排水管渠系统断面形式的基本要求

排水管渠的断面形式除必须满足静力学、水力学方面的要求外，还应经济和便于养护。在静力学方面，管道必须有较大的稳定性，在承受各种荷载时才能稳定和坚固。在水力学方面，管道断面应具有最大的排水能力，并在一定的流速下不产生沉淀物；在经济方面，管道单位长度造价应该是最低的；在养护方面，管道断面应便于冲洗和清通淤积。

（2）常用的管渠断面形式

最常用的管渠断面形式是圆形，半椭圆形、马蹄形、矩形、梯形和蛋形等也常见。

2. 常用排水管渠材料

（1）对管渠材料的要求

排水管渠必须具有足够的强度，以承受外部的静荷载和动荷载以及内部水压；排水管渠应具有能抵抗污水中杂质的冲刷和磨损的作用以及抗腐蚀的性能；排水管渠必须不透水，以防止污水渗出或地下水渗入；排水管渠的内壁应整齐光滑，使水流阻力尽量减少；排水管渠应就地取材，并考虑到预制管件及快速施工的可能。

《室外排水设计规范》规定输送腐蚀性污水的管渠必须采用耐腐蚀材料，其接口及附属构筑物必须采取相应的防腐蚀措施。

（2）常用排水管道的材料及制品

1）混凝土管和钢筋混凝土管

混凝土管和钢筋混凝土管适用于排除雨水、污水。管口通常有承插式、企口式、平口式三种。

2）陶土管

陶土管是由塑性黏土制成的。根据需要可制成无釉、单面釉、双面釉的陶土管。若采用耐酸黏土和耐酸填充物，还可以制成特种耐酸陶土管。

3）金属管

常用的金属管有铸铁管及钢管。室外重力流排水管道一般很少采用金属管，只有当排水管道承受高内压、高处压或对渗漏要求特别高的地方采用，如排水泵站的进出水管、穿越铁路和河道的倒虹管等。

4）聚氯乙烯塑料硬质管

聚氯乙烯塑料硬质管（PVC 管）在排水工程中得到了广泛应用。PVC 管材重量轻，便于施工和搬运；PVC 管具有优异的耐酸、耐碱和耐腐蚀性能，特别适用于酸、碱废水和腐蚀性废水；另外，PVC 管道水力条件较好。

（3）大型排水管渠

一般情况下，当排水管渠设计直径大于 2m 时，可以在现场建造排水管渠。建造大型排水管渠的常用材料有砖、石、陶土块、混凝土块、钢筋混凝土块和钢筋混凝土；大型排水管渠的断面形式有矩形、圆形、半椭圆形等。

二、排水管渠系统上的附属构筑物

为了排除污水，除管渠本身外，还需在管渠系统上设置某些附属构筑物，这些构筑物包括雨水口、连接暗井、溢流井、检查井、跌水井、水封井、换气井、倒虹管、冲洗井、防潮门、出水口等。

1.雨水口、连接暗井、溢流井

（1）雨水口

雨水口是在雨水管渠或合流管渠上收集雨水的构筑物。街道路面上的雨水首先经雨水口通过连接管流入排水管渠。雨水口的形式、数量和布置，应按汇水面积所产生的流量、雨水口的泄水能力及道路形式确定。

雨水口间距宜为 25~50m，连接管串联雨水口个数不宜超过 3 个，雨水口连接管长度不宜超过 25m。当道路纵坡大于 0.02 时，雨水口的间距可大于 50m，其形式、数量和布置应根据具体情况和计算确定。坡段较短时可在最低点处集中收水，其雨水口的数量或面积应适当增加。

雨水口深度不宜大于 1m，并根据需要设置沉泥槽。遇特殊情况需要浅埋时，应采取加固措施。有冻胀影响地区的雨水口深度，可根据当地经验确定。

（2）连接暗井

雨水口以连接管与街道排水管渠的检查井相连。当排水管直径大于 800mm 时，也可在连接管与排水管连接处不另设检查井，而设连接暗井。

（3）溢流井

溢流井是截流干管上最重要的构筑物。最简单的溢流井是在井中设置截流槽，槽顶与截流干管的管顶相平；也可采用溢流堰式或跳跃堰式的溢流井。

2. 检查井、跌水井、水封井、换气井

（1）检查井

检查井的位置，应设在管道交会处、转弯处、管径或坡度改变处、跌水处，以及直线管段上每隔一定距离处。

检查井一般采用圆形，由井底（包括基础）、井身和井盖（包括盖底）三部分组成，是排水管道上的重要附属设施。我国仅建筑小区每年就需要构筑约 1000 万个排水用检查井，这些检查井多为砖砌，耗费大量黏土实心砖，而且施工养护难，井体容易渗漏。在建筑小区内采用塑料排水检查井替代传统的砖砌检查井，将节约大量宝贵的土地资源、节约人工、加快施工进度、提高排水管道防渗漏性能，具有显著的经济、社会和环境效益。

（2）跌水井

跌水井是设有消能设施的检查井。当管渠跌水水头为 0.5~2.0m 时，宜设跌水井；跌水水头大于 2.0m 时，必须设跌水井。管渠转弯处不宜设跌水井。跌水井的进水管管径不大于 200mm 时，一次跌水水头高度不得大于 6m；管径为 300~600mm 时，一次不宜大于 4m。跌水方式一般可采用竖管或矩形竖槽；管径大于 600mm 时，其一次跌水水头高度及跌水方式应按水力计算确定。

（3）水封井

当工业废水能产生引起爆炸或火灾的气体时，其管道系统中必须设置水封井。水封井位置应设在产生上述废水的排出口处及其干管上每隔适当距离处。水封深度不应小于 0.25m，井上宜设通风设施，井底应设沉泥槽。水封井以及同一管渠系统中的其他检查井，均不应设在车行道和行人众多的地段，并应适当远离产生明火的场地。

（4）换气井

污水中的有机物常在管渠中沉积而厌氧发酵，发酵产物分解产生的甲烷、硫化氢、二氧化碳等气体，如与一定体积的空气混合，在点火条件下将产生爆炸，甚至引起火灾。为防止此类偶然事故的发生，同时，为保证在检修排水管器时工作人员能较安全地进行操作，有时在街道排水管的检查井上设置通风管，使此类有害气体随同空气沿庭院管道、出户管及竖管排入大气中，这种设有通风管的检查井称为换气井。

3. 虹管、出水口

（1）倒虹管

排水管渠遇到河流、山涧、洼地或地下构筑物等障碍物时，不能按原有的坡度埋设，而是按下凹的折线方式从障碍物下通过，这种管道称为倒虹管。通过河道的倒虹管，一般不宜少于两条；通过谷地、旱沟或小河的倒虹管可采用一条。通过障碍物的倒虹管，还应符合与该障碍物相交的有关规定。

倒虹管的设计，应符合下列要求：最小管径宜为 200mm；设计流速应大于 0.9m/s，并应大于进水管内的流速，当管内设计流速不能满足上述要求时，应加定期冲洗措施，冲洗时流速不应小于 1.2m/s；倒虹管的管顶距规划河底距离一般不宜小于 1.0m，通过航运河道时，其位置和管顶距规划河底距离应与当地航运管理部门协商确定，并设置标志，遇冲刷河床应考虑防冲措施；倒虹管宜设置事故排出口；合流管道设倒虹管时，应按旱流污水量校核流速。

（2）出水口

排水管渠排入水体的出水口的位置和形式，应根据污水水质、下游用水量情况、水体的水位变化幅度、水流方向、地形变迁和主导风向等因素确定。出水口应采取防冲刷、消能、加固等措施，并视需要设置标志。出水口与水体岸边连接处应采取防冲、加固等措施，一般用浆砌块石做护墙和铺底，在受冻胀影响的地区，出水口应考虑用冻胀材料砌筑，其基础必须设置在冰冻线以下。

4. 冲洗井、防潮门

（1）冲洗井

当污水管内流速不能保证自清时，为防止淤塞，可设置冲洗井。冲洗井的主要形式有人工冲洗和自动冲洗（一般为虹吸式，构造复杂，造价高，不常用）。人工冲洗井较简单，是一个具有一定容积的普通检查井。冲洗井出流管道上设有闸门，井内设有溢流管道以防止井中水深过大。冲洗水可用上游来水或自来水。用自来水时，供水管的出口必须高于溢流管顶，以免污染自来水。冲洗井一般适用于小于 400mm 管径的较小管道上，冲洗管道的长度一般为 250m 左右。

（2）防潮门

临海城市的排水管渠往往受潮汐的影响，为防止涨潮时潮水倒灌，在排水管渠出水口，上游的适当位置上应设置装有防潮门（或平板闸门）的检查井。临河城市的排水管渠，为防止高水位时河水倒灌，有时也采用防潮门。

第二章　市政给排水信息模型

随着信息技术的发展和大数据时代的到来，云计算、大型数据库、高速物联网、智能终端采集等新技术越发成熟和普及，越来越多的传统行业正大踏步地向信息化管理转型。对于排水行业来说，静态数据采集、视频监控、远程控制等项目已在全国普遍施行，信息化技术在排水行业的下一个爆发点必然是基于大数据挖掘的应用，而信息模型的建立就是其核心内容之一。本章主要对市政给排水信息模型技术进行详细的讲解。

第一节　施工图规划设计

一、施工图方案

1. 应用规定

（1）市政给排水项目全寿命期过程可分为规划方案阶段、初步设计阶段、施工图设计阶段、施工图深化设计阶段（施工准备阶段）、施工阶段以及运维阶段。

（2）市政给排水信息模型应用分为基本应用和可选应用，可选应用由项目相关方通过合同或协议等方式确定。

2. 规划方案比选

（1）规划方案比选需准备的数据资料宜符合下列要求：

1）电子版地形图宜包含周边地形、建筑、道路等信息模型。电子版地形图为可选数据。

2）图纸宜包含方案图纸、周边环境图纸（周边建构筑物相关图纸、周边地块平面图和地形图）、勘察图纸和管线图纸等。

（2）规划方案比选的工作流程宜符合下列要求：

1）数据收集。收集的数据包括电子版地形图、图纸等。

2）根据多个备选方案建立相应的市政给排水信息模型，模型宜包含市政给排水项目各方案的完整设计信息，创建周边环境模型，并与方案模型进行整合。

3）校验模型的完整性、准确性。

4）生成市政给排水项目的规划方案模型，作为阶段性成果提交给建设单位，并根据建设单位的反馈修改设计方案。

5）生成市政给排水项目的漫游视频，并与最终方案模型一起交付给建设单位。

（3）规划方案比选的成果宜包括市政给排水项目的方案模型、漫游视频等。

3. 初步设计阶段

（1）管线搬迁与道路翻交模拟

1）管线搬迁与道路翻交模拟需准备的数据资料宜符合下列要求：

①电子版地形图宜包含周边地形、建筑、道路等信息模型。电子版地形图为可选数据。

②图纸宜包含管线搬迁方案平面图、断面图，地下管线探测成果图，障碍物成果图，架空管线探测成果图，管线搬迁地区周边地块平面图、地形图，管线搬迁地块周边建筑物，构筑物相关图纸，道路翻交方案平面图、周边地块平面图、地形图等。

③报告宜包含地下管线探测成果报告、障碍物成果报告、架空管线探查成果报告等。

④规划方案阶段交付模型。

⑤管线搬迁与道路翻交施工进度计划

2）管线搬迁与道路翻交模拟的工作流程宜符合下列要求：

①数据收集。收集的数据包括电子版地形图、图纸、报告、施工进度计划，以及规划方案阶段交付模型。

②施工围挡建模。根据管线搬迁方案建立各施工阶段施工围挡模型。

③管线建模。根据地下管线成果探测图、报告，以及管线搬迁方案平面图、断面图建立现有管线和各施工阶段的管线模型。

④道路现状和各阶段建模。根据道路翻交方案，创建道路现状模型与各阶段道路翻交模型。模型能够体现各阶段道路布局变化及周边环境变化。

⑤周边环境建模。根据管线搬迁地区周边地块平面图、地形图创建地表模型；根据市政给排水项目周边建构筑物的相关图纸创建周边建构筑物模型。

⑥校验模型的完整性、准确性及拆分合理性等。

⑦生成管线搬迁与道路翻交模型。实施施工围挡建模、管线建模、道路现状和各阶段建模及周边环境建模，经检验合格后生成管线搬迁与道路翻交模型。

⑧生成管线搬迁与道路翻交模拟视频。视频反映各阶段管线搬迁内容、道路翻交方案、施工围挡范围、管线与周边建构筑物位置的关系及道路翻交方案随进度计划变化的状况。

3）管线搬迁与道路翻交模拟的成果宜包括市政给排水项目的管线搬迁与道路翻交模型、管线搬迁与道路翻交模拟视频等。

（2）场地现状仿真

1）场地现状仿真需准备的数据资料宜符合下列要求：电子版地形图宜包含周边地形、建筑、道路等信息模型，其中，电子版地形图为可选数据；周边环境图纸、市政给排水项目构筑物建筑总平面图；场地信息；现场相关图片；管线搬迁与道路翻交模型。

2）场地现状仿真的工作流程宜符合下列要求：

①数据收集。收集的数据包括电子版地形图、周边环境图纸、场地信息、现场相关图

片以及管线搬迁与道路翻交的成果模型。

②场地建模。根据收集的数据进行市政给排水项目周边环境建模、构筑物主体轮廓和附属设施建模。

③校验模型的完整性、准确性。

④场地现状仿真模型整合。整合生成的多个模型，标注市政给排水项目构筑物主体、出入口、地面建筑部分与红线、绿线、河道蓝线、高压黄线及周边建筑物的距离。

⑤生成场地现状仿真视频，并与场地现状仿真模型一起交付给建设单位。

3）场地现状仿真的成果宜包括市政给排水项目的场地现状仿真模型、场地现状仿真视频等。

4.施工图设计阶段

（1）管线综合与碰撞检查

1）管线综合与碰撞检查需准备的数据资料宜符合下列要求：

土建施工图设计阶段交付模型；机电管线设计图纸。

2）管线综合与碰撞检查的工作流程宜符合下列要求：

①数据收集。收集的数据包括土建施工图设计阶段交付模型、机电管线各专业信息等。其中，机电管线各专业信息包括平面布置图纸、标高信息、系统分类、设备详图等。对于复杂设备区域，需收集机电管线的阀门及附件布局信息。

②搭建机电专业模型。根据机电管线设计图纸，基于土建施工图设计阶段交付模型，搭建机电管线模型。

③校验模型的完整性、准确性。

④碰撞检查。利用模拟软件对市政给排水信息模型进行碰撞检查，生成碰撞报告。

⑤提交碰撞报告。将管线碰撞检查报告提交给建设单位，报告需包含碰撞点位置、碰撞对象等。

⑥生成管线优化平面图纸。根据管线综合优化模型，生成管线综合优化平面图纸，并将最终成果交付给建设单位。

3）管线综合与碰撞检查的成果宜包括市政给排水项目的管线综合与碰撞检查模型、碰撞检查报告、管线优化平面图纸等。

（2）工程量复核

1）工程量复核需准备的数据资料宜符合下列要求：施工图设计阶段交付模型；分部分项工程量清单与计价表。

2）工程量复核的工作流程宜符合下列要求：

①数据收集。收集的数据包括投资监理提供的分部分项工程量清单与计价表以及各专业施工图设计阶段交付模型。

②调整市政给排水信息模型的几何数据和非几何数据。根据分部分项工程量清单与计价表，调整土建、机电、装修模型的几何数据和非几何数据。

③校验模型的完整性、准确性。

④生成工程量统计模型并转换成算量软件专用格式文件，提交给投资监理单位。

⑤投资监理单位接收 BIM 实施单位提交的算量软件专业格式文件，并导入算量软件，生成算量模型。

⑥生成 BIM 工程量清单。投资监理单位从算量模型中生成符合工程要求的工程量清单，并复核投资监理计算的工程量清单。

3）工程量复核的成果宜包括满足招标要求的 BIM 工程量清单。

5.施工图深化设计阶段

（1）装修效果仿真

1）装修效果仿真需准备的数据资料宜符合下列要求：

施工图设计阶段土建模型、施工图设计阶段管线综合成果模型；构件材质、表面贴图资料、照明信息。

2）装修效果仿真的工作流程宜符合下列要求：

①数据收集。收集的信息需包括施工图设计阶段管线综合成果模型，装修设计材质与表面贴图信息，装修设计平面、剖面图纸，装修照明设计资料等。

②装修布置建模。根据装修设计图纸对管线综合模型进行深化建模，完善装修内容。

③室内照明建模。根据照明设计图纸对管线综合模型进行照明深化建模，完成照明灯具建模。

④添加模型材质贴图信息。在市政给排水信息模型中添加各构件材质信息、贴图资料。

⑤设定照明参数。在市政给排水信息模型中设定照明角度、色温等光照信息。

⑥调整贴图与材质参数。调整贴图颜色、图案纹理、色泽、反光系数等参数。

⑦生成市政给排水项目的装修效果模型及漫游视频。

3）装修效果仿真的成果宜包括市政给排水项目的装修效果模型、装修漫游视频等。

（2）大型设备运输路径检查

1）大型设备运输路径检查需准备的数据资料宜符合下列要求：装修效果仿真成果模型；大型设备相关图纸；设备安装检修路径方案。

2）大型设备运输路径检查的工作流程宜符合下列要求：

①数据收集。收集的数据包括大型设备图纸、大型设备安装及维修路径信息、装修效果仿真成果模型。

②整合模型。将市政给排水项目已有模型导入模拟软件进行整合，并设定大型设备安装检修路径。

③校验模型的完整性、准确性。

④路径检查。利用模拟软件对市政给排水信息模型进行设备安装检修路径检查，生成大型设备运输路径检查报告。

⑤提交路径检查报告。将路径检查报告提交给建设单位，报告需包含运输碰撞点位置、

碰撞对象等。

⑥运输路径模拟视频。根据大型设备运输路径，生成运输路径模拟视频，并将最终成果交付给建设单位。

3）大型设备运输路径检查的成果宜包括市政给排水项目的运输路径检查模型、运输路径模拟视频等。

（3）施工方案模拟

1）施工方案模拟需准备的数据资料宜符合下列要求：施工方案；施工图纸；施工图深化设计阶段交付模型。

2）施工方案模拟的工作流程宜符合下列要求：

①数据收集。收集的数据包括市政给排水项目施工方案、施工图纸以及施工图深化设计阶段交付模型。

②调整模型。根据施工方案调整市政给排水信息模型，创建施工方案模型。

③整合模型。将市政给排水信息模型导入模拟软件，补充相关施工设施设备模型，并根据施工方案整合至施工方案模型。

④校验模型的完整性、准确性。

⑤施工方案检查。利用模拟软件对市政给排水信息模型进行施工方案可行性检查。

⑥生成施工方案模拟视频。根据施工方案模型生成模拟视频，视频能够阐明市政给排水项目施工方案，展现施工方案的工艺细节。

3）施工方案模拟的成果宜包括市政给排水项目的重要和复杂节点施工方案模型、施工模拟视频等。

二、城市用水量估计

（一）城市用水量的预测方法

城市用水量的预测工作是城市用水优化调度的重要基础工作。城市用水量预测是制定城市用水预案的基础。城市用水预测的方法很多，包括数理统计法、大气因子分析法、非大气因子分析法等，还有利用现代智能进行预测的方法，如模糊数学、神经网络、遗传算法等。

平稳时间序列是指假定某一水文要素的时序演变是一个随机过程，且属于平稳随机过程，具有各态历经性质，其参数为可数时间变量，简称平稳时间序列。

根据各态历经平稳随机过程的性质，可以由水文要素一个随机过程，计算它的前后不同时间间隔下的相关函数。因为相关函数不随时间变化，所以可根据这种关系建立一个水文要素自身前后其线性关系模型，也就是子回归模型。

城市的日需用水量是与天气、用水设施城市建设水平、生活水平、生活习惯等众多复杂因素密切相关的，要对日用水量做出较为准确的预测是比较困难的。

（二）城市用水预测的概念及内容

1. 城市水需求预测的概念

城市在不同时刻由于经济生产和居民生活情况的不断变动，用水量会有一定的波动。在短期内，城市用水量的变化具有周期性，如月用水量的年周期性、时用水量的日周期性等；从较长时间来看，它又具有年增长的趋势，这种增长趋势的变化受到城市发展的政治、经济因素以及用水系统用水能力发展的制约。

城市需水量预测就是根据城市历史用水量数据的变化规律，并考虑社会、经济等主观因素和天气状况等客观因素的影响，利用科学的、系统的或经验的方法，对城市未来某时间段内的需水量进行预测。

城市需水量预测可分为中长期的年需水量预测以及短期的时需水量预测、日需水量预测，它们是城市进行水资源规划和管理的有效手段，也是用水系统优化调度管理的重要部分。

2. 城市水需求预测的内容

（1）生活需水量预测

城市生活需水量预测均采用定额法并用趋势法校核。主要根据对现状城市用水情况的分析，考虑未来生活质量不断提高，用水水平相应提高，用水定额呈逐步增大的趋势，公共用水也呈增加的趋势。

（2）工业需水预测

工业需水分为一般工业需水和电力工业需水，一般都采用两种以上方法计算。其中，天津市以弹性系数法控制，趋势法验证；山东省各市采用趋势法、定额法、重复利用率提高法等预测，以趋势法控制；其他各省、直辖市以定额法为主，趋势法等其他方法验证；河北、河南及湖北三省按增量用水和存量用水进行工业需水预测，即在规划水平年新增工业产值采用节水定额，原有工业产值在规划水平年维持上一水平年用水定额。

（3）环境需水量预测

城市生态环境需水量包括城市内的河、湖、园林、绿地等用水，在这里不考虑城市河湖换水。生态环境恶化所造成的严重后果日益为人们所认识，并开始将生态环境用水放在与经济活动用水同等重要的位置加以考虑。随着城市化的发展以及人民生活水平的提高，人们对城市生态环境的要求也越来越高，城市的生态环境用水量将日趋增加。由于水资源条件的限制，水资源紧缺的地方，生态环境的用水量受到一定的限制；水资源相对充足的地方，有较大的发展生态用水的空间。一般来说，经济、社会较发达的大城市人均生态环境用水量要高于中等城市和小城市。我国关于生态环境用水的定量主要依据国家的有关水环境保护法规和标准。

进行环境需水量预测主要根据环境用水的用水定额法进行预测。在考虑园林绿地用水时，园林绿地面积指城市范围内用作园林和绿化的各种绿地面积。包括公共绿地、单位附属绿地、居住绿地、生产绿地、防护绿地和风景林地等面积的总和。用水定额考虑园林绿地的人工补给水量，即园林绿地的降雨—蒸发过程中的人工补给部分。根据联合国统计的我国二级区的单位面积不同植被的逐月降雨量和蒸发量，分析每月的单位面积植被需人工补给水量。如果降雨大于蒸发，则补给为零；如果降雨小于蒸发，则差值即为单位面积补给水量。将换算到每年的补给水量，最后进行年汇总，并分析城市到二级区的对应，根据我国的城市统计年鉴城市的园林绿地面积，就可以得到各城市生态环境需水量。

（4）其他需水量预测

城市生活、工业、环境以外的需水为其他需水量，例如，北京市农业需水量、天津市商品菜田需水量、河北省沧州市市区和部分市县少量特殊用水、湖北省水厂自身用水及其他不可预见水量等。

（三）用水量定额

城镇给水系统的设计年限一般为：近期 5～10 年，远期 10～20 年。

用水量是决定给水规模的一项重要依据。它不仅决定水厂的规模和给水工程中各构筑物的大小，而且直接影响水厂投产后的正常运行以及人们的生活。因此，正确地按用水量标准估算城镇用水量是给水规划的主要任务。城镇的用水量主要包括生活用水（包括居民生活用水、公共建筑及设施用水）、生产用水（工业企业生产用水及工作人员生活用水）、消防用水以及道路浇洒和绿地用水，未预见水量和管网漏失水量。

1. 生活用水量标准

生活用水包括居民生活用水和公共建筑用水。

影响生活用水量的因素很多，设计时可参考《室外给水设计规范》或《城市居民生活用水量标准》的规定。

城市综合用水量表示水厂总供水量除以用水人口的水量数值，反映人均综合生活用水、工业用水、市政用水及其他用水的多少。由于城市综合用水定额中工业用水是重要的组成部分，鉴于各城市的工业结构和规模以及发展水平千差万别，因此，城市综合用水量可参考城市综合用水量调查表。

2. 生产用水量标准

工业企业生产用水一般是指工业企业生产过程中用于冷却、空调、制造、加工、净化和洗涤方面的用水。通常工业用水指标既可用万元产值用水量表示，也可用单位产品用水量或每台设备每天用水量表示。生产用水量通常由企业工艺部门提供。在缺乏资料时可参考同类型企业用水指标。

工业企业内工作人员生活用水量和淋浴用水量可按《工业企业设计卫生标准》计算。工作人员生活用水量应根据车间性质决定，一般车间按每人每班 25L 计算，高温车间采用每人每班 35L 计算；淋浴用水量，可根据设计人数及淋浴器数量计算。

3. 消防用水

消防用水量、水压和火灾延续时间等，按现行的《建筑设计防火规范》和《高层民用建筑设计防火规范》等执行；城镇或居民区的室外消防用水量，按同时发生的火灾次数和一次灭火用水量确定；工厂、仓库和民用建筑的室外消防用水量，按同时发生火灾的次数和一次灭火用水量确定。

4. 其他用水

浇洒道路和绿化用水量应根据路面种类、绿化面积、气候、土壤条件等确定。浇洒道路用水量一般采用每次 $1\sim15L/(d \cdot m^2)$，绿化用水量可取 $1.5\sim2.0L/(d \cdot m^2)$。未预见水量和管网漏失水量可按最高日用水量的 15%～25% 统一计算；工业企业自备水厂的上述水量可根据工艺和设备情况确定。

三、城市给水工程规划

（一）给水工程规划工作程序

给水工程规划的意义在于满足用户用水需求的同时，最有效地利用水资源和保护水源不被破坏，完成城市用水规划和水源保护工作的平衡。其主要任务是确定城市给水系统的规模，包括管网系统、泵站、水厂等附属构筑物；科学布局给水设施和各级给水管网系统，在满足用户对水质、水量、水压等要求的同时，尽量使管网规模、运行能量消耗最小化；制定完善的水资源保护措施。

城市给水工程规划的规划期限一般与城市规划期限相同，即规划期限分为近期和远期，一般近期规划期限为 5 年，远期规划期限为 20 年。给水工程规划工作程序如下：

1. 城市用水量预测

首先收集目前城市用水情况与城市周边水体分布情况，结合当地规划目标，确定城市给水标准。以此为基础开展城市近远期用水量预测。

2. 确定城市给水工程系统规划目标

在城市水资源研究的基础上，根据城市用水量预测、区域给水系统与水资源调配规划，确定城市给水工程系统规划目标，并及时反馈给城市计划和规划主管部门，合理调整城市经济发展方向、产业结构、人口规模。

同时，及时反馈给区域水系统主管部门，以便合理调整区域给水系统与水资源调配规划，协调上下游城市用水，以及城镇、农业等用水。

3. 城市给水水源规划

在确定了城市给水工程系统规划目标之后，要结合城市旧有给水系统，对城市给水水源进行合理规划，确定相应的取水工程规划目标水处理厂的建设规模、技术方案等，同时，还要相应地制定取水水源的保护措施。规划目标确定之后要报给区域水系统主管部门审批、落实，在此基础上考虑调整相关区域给水工程规划。同时，必须及时反馈给城市规划部门，以便其综合考虑给水设施、污水处理厂、工业区等用地布局。

4. 城市给水管网与输配设施规划

在城市现有给水管网的基础上，根据城市给水水源规划、城市规划总体布局，对城市给水管网和调节水池、清水池、水塔、泵站等输配设施布局规划。完成后同样需要及时反馈给有关部门进行审批、用地规划等安排。

5. 分区给水管网与输配设施规划

首先应根据城市分区规划确定分区供水量、供水水质、水压要求，然后结合各分区地形、水源分布情况等进行给水管网和输配设施规划，确定给水管网布置形式等。完成之后需要反馈给城市规划部门，以便进行用地规划考虑。

6. 详细规划给水服务范围内管网布置

本阶段应详细考虑分区内用水分布情况以及用水标准。然后，对管网进行水力计算，涉及管径以及铺设方式的确定等工作。对于相对独立的分区，具有自己完整的一套给水系统，则该分区的详细规划设计还应包括自配水源工程设施规划。若该分区还需要独立净水设施，还应包括相关净水设施布置等内容。给水管网布置的详细规划是给水工程设计的依据。

（二）给水工程建设程序

给水工程是一个复杂的工程项目，为保证建设的合理性与科学性，应遵循一定的工程项目建设程序。工程项目建设程序是人们长期在工程项目建设实践中的经验总结，从客观上反映了工程建设过程的规律，是工程项目建设的科学决策和顺利进行的重要保证。程序中各步骤可以合理交叉，但是不能任意颠倒。给水工程建设程序通常包括以下五个阶段，即项目立项决策阶段、审定投资决策阶段、工程设计与计划阶段、施工阶段和质量保修阶段。在项目实施工程中又把项目立项决策阶段和审定投资决策阶段称为项目前期，主要工作有提出项目建议书和编制可行性研究报告；工程设计与计划阶段、施工阶段称为项目建造期，主要工作有初步设计、施工图设计和施工；质量保修阶段称为项目后期。

1. 项目建议书

项目建议书是建设单位向国家有关部门提出新建或扩建某一具体项目的建议文件，发生在建设程序的起始阶段，是筹建单位对拟建项目的总体设想。项目建议书一般应包括建设项目提出的必要性和依据；需要引进的技术和进口设备，并要说明理由；项目内容与范围，拟建规模和建设地点的初步设想；投资估算和资金筹措的设想、还贷能力的测算；项目进度设想和经济效益与社会效益的初步估算等。

2. 可行性研究

可行性研究以主管部门批准的项目建设书和委托书为依据，对项目建设的必要性、经济合理性、技术可行性、实施可能性等进行综合性的研究和论证，并应对可能采取的不同建设方案进行论证，最后提出本工程的最佳可行方案和工程估算。审批后的可行性研究报告是进行初步设计的依据。

3. 初步设计

根据批准的可行性研究报告（方案设计）进行初步设计，这个阶段的主要任务是明确工程规模、设计原则和标准，深化可行性报告提出的推荐方案并进行必要的局部方案比较，提出拆迁、征地范围和数量，以及主要工程数量、主要材料设备数量、编制设计文件，做出工程概算（可行性研究的投资估算与初步设计概算之差，一般应控制在 ±10% 内）。

在对推荐方案进行深化设计时，应在给水管网总平面图上标出管网覆盖范围内的全部建筑物、道路、铁路等的平面位置，同时，要给出控制坐标、标高、指北针等信息；最后要沿给水管道位置，对干管的管径、流向、闸门井和其他给水构筑物位置及编号做好标注。

还应单独绘制取水构筑物平面布置图，对取水口、取水泵房、转换闸门、道路平面布置图、坐标、标高、方位等做出标注，必要时还要绘制流程示意图，标注各构筑物之间的高程关系。

对于项目中存在的净水处理厂（站）时，应单独绘出水处理构筑物总平面布置图及高程关系示意；还应列出图中存在的构筑物一览表，给出构筑物详细的平面尺寸、结构形式、占地面积以及定员情况等。

4. 施工图设计

施工图设计是在批准的初步设计基础上进行的、供施工用的具体图纸设计。施工图设计应包括设计说明书、设计图纸、工程数量、材料数量、仪表设备表、修正概算或施工预算。

设计图纸要包括取水工程总平面图；取水工程流程示意图（或剖面图）；取水头部（取水口）平、剖图及详图；取水泵房平、剖图及详图；其他构筑物平、剖图及详图；输配水管路带状平面图；给水净化处理站（厂）总平面布置图及高程系统图；各净化建（构）筑物平、剖图及详图；水塔、水池配管及详图；循环水构筑物的平面、剖面及系统图等。图纸比例除总平面布置图图纸比例采用 1 ： 100～1 ： 500 外，其余单体构筑物和详细图图纸比例宜采用 1 ： 50～1 ： 100。

（三）给水工程规划与工程设计关系

给水工程作为城市基础设施的重要组成部分，它关系着城市的可持续发展，关系着城市的文明、安全和居民的生活质量，是创造良好投资环境的基础；城市给水工程规划是城市总体规划中的一个重要组成部分，它明确了城市给水工程的发展目标与规模，合理布局了给水工程设施和管网，统筹安排了给水工程的建设，是城市给水工程发展的政策性法规，是工程设计的指导依据，有效地指导实施建设。

四、系统管网平差计算

（一）树枝状网计算

在树枝状管网中，每一管段的水流方向和计算流量都是确定的。每一管段的流量等于下游所有节点流量之和，根据节点流量就可以计算出各管段的计算流量，从而根据经济流速选择管径、计算管网。计算时，先找出距离最远、位置最高的不利点，并以从供水泵站到此点的管线作为计算的主干管，根据不利点所需达到的自由水头，计算总水头损失，根据泵站到此点的地形高差计算供水泵所需的扬程。

树枝状管网的计算简单而且容易，应首先掌握这种方法以作为今后进一步学习的基础。

管用一般小型给水系统在初期多为树枝状管网，然后随着地区的发展和用水量的增加，根据情况逐步发展成环状管网或成为树枝状和环状相结合的管网。

树枝状管网遵循节点流量平衡的原则：

$$q_i + \sum q_j = 0$$

既可以从泵站沿水流方向依次往各个末端分配计算流量，也可以从各个末端逆水流方向往管网始端计算。其方法相同且结果也唯一。

管段流量一经决定，只要不修改原始参数，就不用像环状管网那样反复修改管段流量平差计算。根据管段流量可按经济流速决定管径，从而求得各管径的水头损失。将已经计算求得的各个结果数据标注在管网计算草图上。根据地形数据，将地面标高也注在图上各节点处，由图上分析初步选定一个末端节点，一般将距水源的最高最远点作为最不利点，也就是控制点。在管网较小、较简单时，最高、最远点比较容易判断，但是否为最不利点，还要看其所连接的管线是否直径小而流量大。这样选定以后，从这点开始逐渐逆水流方向往前推算各节点所需的水压标高，到有其他管段相交会点，再沿该管段顺水流方向往后推算各节点所需的水压标高，直到此枝的末端终点。到此可能有两种情况：第一，此时该终点如果服务水头大于或等于要求，则前一假设的最不利点正确，到此为止的计算暂时有效，回到交会点再继续逆水流方向往前推算，继续重复上述过程直到供水起点止；第二，该终点如果服务水头小于要求，则计算出此水头的差值，所有已计算了的节点水压都要增高这同一差值后再从交会点继续计算。这样就可以最终计算泵站扬程。当然也可以采用不同的计算方法，只要正确、高效就可以。

（二）环状网计算方法

1. 环方程组解法

环状管网由于管路四周连通，流向任一节点的流量不止来自一条管段，各管段的水流方向和初步计算流量，是根据经济和安全的原则任意分配的。环网计算时必须同时满足两项水力条件：流向任一节点的流量和，应等于流离该节点的流量和，即满足节点流量平衡关系；每一个闭合环路中，以水流为顺时针方向的管段水头损失为正值，逆时针方向为负值，正值的和应与负值的和相等，即满足能量守恒关系 $\Delta h = 0$。在实际计算中闭合差 Δh 可按下列要求控制；手工计算，小环的 Δh 不大于 0.5m，大环（由管网起点到终点）的 Δh 控制在 1.0～1.5m，电算时 Δh 控制在 0.01～0.05m。

管网平差的计算步骤：

（1）绘制管网平差运算，标出各计算管段的长度和各节点地面标高；

（2）计算节点流量，并将节点流量和集中流量分别标注在平差运算图的各节点处；

（3）拟定各管段的水流方向，进行流量的初步分配；

（4）根据初步分配的流量，按经济流速确定各管段的管径（水厂附近管网的流速应略高于经济流速或采用上限，管网末端的流速应略小于经济流速或取下限）；

（5）计算各管段的水头损失；

（6）计算各环闭合差，若闭合差大于规定，用校正流量调整（一般先调整大环，后调整小环）各管段的流量分配，逐次连续运算，直至闭合差满足要求。

通常采用哈代—克罗斯（Hardy-Cross）和洛巴切夫法求解校正流量。近似地认为任一环的校正流量是指消除本环闭合差 Δh 的校正流量，忽略邻环的影响，则基环的校正流量 Δq 的计算式为：

$$\Delta q = \frac{\Delta h}{2\sum |sq|}$$

式中：

Δh——该环内各管段的水头损失代数和，m；

$2\sum |sq|$——该环所有管段的流量与该管段摩阻乘积绝对值之和，s/m^2。

当校正流量方向与水流方向相同时，管段应加上校正流量；反之，减去校正流量。

最大闭合差的环校正法：管网计算过程中，在每次迭代时，可对管网各环同时校正流量，但也可只对管网中闭合差最大的一部分环进行校正，成为最大闭合差的环校正法。该法首先按初步分配流量求得各环的闭合差大小和方向，然后选择闭合差大的一个环或将闭合差较大且方向相同的相邻基环连成大环。对于环数较多的管网可能会有几个大环，平差时只需计算在大环上的各管段。通过平差后，和大环异号的各邻环，闭合差会同时相应减小，所以选择大环是加速得到计算结果的关键。选择大环时应该注意的是，绝不能将闭合差方向不同的几个基环连成大环，否则计算过程中会出现和大环闭合差相反的基环其闭合差反而增大，致使计算不能收敛。

2. 管段方程组解法

为了求解管网中某管段的流量，可同时应用连续性方程和能量方程。联立解方程组，即可得到全部管段的流量。

环状管网的平差计算相对麻烦，设计时多采用机算，以提高设计效率及计算准确性。

（三）计算机管网计算

管网电算的原理是联立连续性方程和能量方程求解节点的压力、管段水头损失和管段流量。按解水力方程的类型分，管网电算主要有以下 3 种。

1. 解环方程法首先拟定各管段的初始分配流量，以每环的校正流量为未知变量，列出各管段流量与校正流量的方程以及各管段水头损失与流量的方程并求解。该方法方程阶数低，环方程数等于环数，计算时收敛速度缓慢，甚至不收敛。

2.解管段方程法以管网中管段流量为未知变量。同时，解环方程和节点方程，将全部流量解出。该方法方程阶数最高，管段方程数等于环方程数和节点方程数之和，计算准备工作较烦琐。

3.解节点方程法以管网中节点压力值为未知变量。该方法方程阶数较低，独立的节点方程数等于节点数减1.0，计算收敛性较好，计算准备工作较少，是目前常用的计算方法。此计算准备和步骤如下：

（1）根据管网布置，画出计算简图；

（2）拟定计算参考点，即计算管网各节点压力值的基准点，可根据计算要求选定，一般选在已建水厂或高位水池所在节点，其压力值可取水厂配水的绝对扬程或水池重力出流的绝对高程；

（3）按以下原则对节点和管段编码：每一管段有关节点的编号数应尽量接近：已知压力值的节点编号于未知压力节点之后，参考点应编在最后；

（4）计算节点流量；

（5）拟定初始管径，待计算后再做调整；

（6）决定各管段的管道粗糙系数；

（7）标定各管段长度和各节点地形高程，按计算程序要求，分别输入节点流量、管段长度、管径、粗糙系数、管段起始节点编号、节点地形高程等；

（8）调用计算程序运算；

（9）输出结果，包括管段流量、流速、水流方向、管段水头损失、水力坡降、节点自由水头值等。

第二节　给排水工程施工

一、施工阶段

1.施工放样

（1）施工放样需准备的数据资料宜符合下列要求：现场检测数据相关资料；土建施工图深化设计阶段交付模型。

（2）施工放样的工作流程宜符合下列要求：

1）数据收集。收集的数据包括现场的场地图纸、测量控制点信息，以及施工图深化设计阶段交付模型等。

2）调整市政给排水信息模型。

3）校验模型的完整性、准确性。

4）现场采集放样点数据。在模型中选择所需要的放样点，并提取相关放样点的空间位置数据。

5）根据放样点信息进行施工放样。根据空间位置数据进行施工放样，也可采用自动放样设备在模型中选取所需的放样点，将现场装置布设点与市政给排水信息模型数据关联。

6）提交监控、检测报告。

（3）施工放样的成果宜包括市政给排水项目平面位置、高程位置的施工放样点数据等。

2. 工程进度模拟

（1）工程进度模拟需准备的数据资料宜符合下列要求：施工进度计划；施工图纸；施工图深化设计阶段交付模型。

（2）工程进度模拟的工作流程宜符合下列要求：

1）数据收集。收集的数据包括施工进度计划以及施工图深化设计阶段交付模型。

2）调整市政给排水信息模型。根据市政给排水项目施工方案调整模型，补充相关施工设施设备模型。

3）整合模型。将市政给排水信息模型导入模拟软件，并根据施工方案和施工进度计划创建施工进度模型，拆分施工段，关联施工进度参数，建立包含时间信息的市政给排水信息模型。

4）校验模型和施工进度计划的完整性、匹配度和准确性。

5）施工进度模拟视频。根据施工进度模型生成模拟视频，视频能够展现市政给排水项目的施工进度计划。

（3）工程进度模拟的成果宜包括市政给排水项目的工程进度模型、工程进度模拟视频等。

3. 工艺流程模拟

（1）工艺流程模拟需准备的数据资料宜符合下列要求：

工艺流程计划；设备相关图纸；施工图深化设计阶段交付模型。

（2）工艺流程模拟的工作流程宜符合下列要求：

1）数据收集。收集的数据包括工艺流程计划、设备相关图纸以及施工图深化设计阶段交付模型等。

2）调整市政给排水信息模型。根据工艺流程计划调整模型，补充相关工艺设备的模型。

3）整合市政给排水信息模型。将模型导入模拟软件，并根据工艺流程计划建立工艺流程模拟模型，拆分施工段，关联相关进度参数，建立包含时间信息的市政给排水信息模型。

4）校验模型的完整性、准确性。

5）生成工艺流程模拟视频。利用模拟软件对市政给排水信息模型进行工艺流程模拟检查，生成工艺流程模拟检查报告。

6）提交工艺流程模拟检查报告。

7）生成工艺流程模拟视频。根据市政给排水项目的工艺流程模拟模型生成模拟视频，并将最终成果交付给建设单位。

（3）工艺流程模拟的成果宜包括市政给排水项目的工艺模拟模型、工艺流程模拟视频等。

4. 应急预案模拟

（1）应急预案模拟需准备的数据资料宜符合下列要求：应急预案方案；施工图深化设计阶段交付模型。

（2）应急预案模拟的工作流程宜符合下列要求：

1）数据收集。收集的数据包括应急预案方案以及施工图深化设计阶段交付模型等。

2）整合模型。将市政给排水信息模型导入模拟软件，根据应急预案方案创建应急预案模拟模型，并将应急预案方案涉及的设施设备与市政给排水信息模型相关构件关联。

3）生成应急预案模拟视频。根据应急预案模拟模型生成模拟视频，视频能够展现应急预案模拟方案。

（3）应急预案模拟的成果宜包括市政给排水项目的应急预案模拟模型、应急预案模拟视频。

5. 施工质量校核

（1）施工质量校核需准备的数据资料宜符合下列要求：给排水构筑物构件空间位置控制点信息；施工图深化设计阶段交付模型。

（2）施工质量校核的工作流程宜符合下列要求：

1）数据收集。收集的数据包括给排水构筑物构件质量标准、施工图纸以及施工图深化设计阶段交付模型等。

2）扫描作业。利用三维扫描仪器设备采集给排水构筑物构件的几何数据。

3）扫描数据处理与对比分析。将处理后的扫描数据与施工图深化设计阶段交付模型比对，查找给排水构筑物构件的几何尺寸偏差，并完成对比分析报告。

4）采取整改措施。利用对比分析报告对给排水构筑物构件整改，或采取针对性措施消除或降低几何偏差导致的影响。

（3）施工质量校核的成果宜包括市政给排水项目的三维扫描数据、质量校核分析报告等。

6. 施工资源管理与优化

（1）施工资源管理与优化需准备的数据资料宜符合下列要求：现场堆放材料编码；施工图深化设计阶段交付模型。

（2）施工资源管理与优化的工作流程宜符合下列要求：数据收集，收集的数据包括现场堆放材料编码及施工图深化设计阶段交付模型等；调整模型，在施工图深化设计阶段交付模型中增加现场材料堆放、机械设备等模型；通过移动终端等设备统计项目每个区域材料、设备构件用量。

（3）施工资源管理与优化的成果宜满足下列要求：移动终端平台能够与市政给排水信息模型相兼容；通过移动终端平台统计市政给排水项目每个区域材料、设备构件用量等。

二、排水系统选择与管道布置敷设

建筑内部排水系统的选择和管道布置敷设直接影响到人们的日常生活和生产活动，在设计过程中应首先保证排水畅通和室内良好的生活环境，再根据建筑类型、标准、投资等因素，在兼顾其他管道、线路和设备的情况下，进行系统的选择和管道的布置敷设。

1. 排水系统的选择

在确定建筑内部排水体制和选择建筑内部排水系统时主要考虑下列因素：

（1）污废水的性质

根据污废水中所含污染物的种类，确定是合流还是分流。当两种生产污水合流会产生有毒有害气体和其他难处理的有害物质时应分流排放；与生活污水性质相似的生产污水可以和生活污水合流排放。不含有机物且污染轻微的生产废水可排入雨水排水系统。

（2）污废水污染程度

为便于轻污染废水的回收利用和重污染废水的处理，污染物种类相同，但浓度不同的两种污水宜分流排除。

（3）污废水综合利用的可能性和处理要求

工业废水中常含有能回收利用的贵重工业原料，为减少环境污染，变废为宝，宜采用清浊分流，分质分流，否则会影响回收价值和处理效果。

对卫生标准要求较高，设有中水系统的建筑物，生活污水与废水宜采用分流排放。含油较多的公共饮食业厨房的洗涤废水和洗车台冲洗水；含有大量致病病毒、细菌或放射性元素超过排放标准的医院污水；水温超过 40℃的锅炉和水加热器等加热设备排水；可重复利用的冷却水以及用作中水源的生活排水应单独排放。

2. 卫生器具的布置与敷设

在卫生间和公共厕所布置卫生器具时，既要考虑所选用的卫生器具类型、尺寸和方便使用，又要考虑管线短，排水通畅，便于维护管理。卫生间和公共厕所内的地漏应设在地面最低处，易于溅水的卫生器具附近。地漏不宜设在排水支管顶端，以防止卫生器具排放的固形杂物在最远卫生器具和地漏之间的横支管内沉淀。

3. 排水管道的布置与敷设

室内排水管道的布置与敷设在保证排水畅通，安全可靠的前提下，还应兼顾经济、施工、管理、美观等因素。

（1）排水畅通，水力条件好

为使排水管道系统能够将室内产生的污废水以最短的距离、最短的时间排出室外，应采用水力条件好的管件和连接方法。排水支管不宜太长，尽量少转弯，连接的卫生器具不宜太多；立管宜靠近外墙，靠近排水量大、水中杂质多的卫生器具；厨房和卫生间的排水立管应分别设置；排出管以最短的距离排出室外，尽量避免在室内转弯。

（2）保证没有排水管道房间或场所的正常使用

在某些房间或场所布置排水管道时，要保证这些房间或场所正常使用，如横支管不得穿过有特殊卫生要求的生产厂房、食品及贵重商品仓库、通风小室和变电室；不得布置在遇水易引起燃烧、爆炸或损坏的原料、产品和设备上面，也不得布置在食堂、饮食业的主副食操作烹调场所的上方。

（3）保证排水管道不受损坏

为使排水系统安全可靠的使用，必须保证排水管道不会受到腐蚀、外力、热烤等破坏。如管道不得穿过沉降缝、烟道、风道；管道穿过承重墙和基础时应预留洞；埋地管不得布置在可能受重物压坏处或穿越生产设备基础；湿陷性黄土地区横干管应设在地沟内；排水立管应采用柔性接口；塑料排水管道应远离温度高的设备和装置，在会合配件处（如三通）设置伸缩节等。

（4）室内环境卫生条件好

为创造一个安全、卫生、舒适、安静、美观的生活、生产环境，管道不得穿越卧室、病房等对卫生、安静要求较高的房间，并不宜靠近与卧室相邻的内墙；商品住宅卫生间的卫生器具排水管不宜穿越楼板进入他户；建筑层数较多，对于伸顶通气的排水管道而言，底层横支管与立管连接处至立管底部的距离小于规定的最小距离时，底部支管应单独排出。如果立管底部放大一号管径或横干管比与之连接的立管大一号管径时，可将垂直距离缩小一挡。有条件时宜设专用通气管道。

（5）施工安装、维护管理方便

为便于施工安装，管道距楼板和墙应有一定的距离；为便于日常维护管理，排水立管宜靠近外墙，以减少埋地横干管的长度。由于废水中含有大量的悬浮物或沉淀物，管道需要经常冲洗，排水支管较多，排水点位置不固定的公共餐饮业的厨房、公共浴池、洗衣房、生产车间等可以用排水沟代替排水管。

应按规范规定设置检查口或清扫口。如铸铁排水立管上检查口之间的距离不宜大于10m，塑料排水立管宜每六层设置一个检查口。但在建筑物最低层和设有卫生器具的二层以上建筑物的最高层，应设置检查口；检查口应在地（楼板）面以上1.0m，并应高于该层卫生器具上边缘0.15m。

在连接2个及2个以上的大便器或3个及3个以上卫生器具的铸铁排水横管上，宜设置清扫口；在连接4个及4个以上的大便器的塑料排水横管上宜设置清扫口。清扫口宜设置在楼板或地坪上，且与地面相平。

在水流偏转角大于45°的排水横管上，应设检查口或清扫口。排水横管的直线管段上检查口或清扫口之间的最大距离。

（6）占地面积小，总管线短、工程造价低。

4. 异层排水系统和同层排水系统

按照室内排水横支管所设位置，可将排水系统分为异层排水系统和同层排水系统。

（1）异层排水

异层排水是指室内卫生器具的排水支管穿过本层楼板后接下层的排水横管，再接入排水立管的敷设方式，也是排水横支管敷设的传统方式。其优点是排水通畅，安装方便，维修简单，土建造价低，配套管道和卫生器具市场成熟；主要缺点是对下层会造成不利影响，譬如，易在穿楼板处造成漏水，下层顶板处排水管道多、不美观、有噪声等。

（2）同层排水

同层排水是指卫生间器具排水管不穿越楼板，排水横管在本层套内与排水立管连接，安装检修不影响下层的一种排水方式。同层排水具有如下特点：首先，产权明晰，卫生间排水管路系统布置在本层中，不干扰下层；其次，卫生器具的布置不受限制，楼板上没有卫生器具的排水预留孔，用户可以自由布置卫生器具的位置，满足卫生器具个性化的要求，从而提高房屋品位；最后，排水噪声小，渗漏概率低。

同层排水作为一种新型的排水安装方式，可以适用于任何场合下的卫生间。当下层设计为卧室、厨房、生活饮用水池，遇水会引起燃烧、爆炸的原料、产品和设备时，应设置同层排水。

同层排水的技术有多种，可归结如下：

1）降板式同层排水

卫生间的结构板下沉 300~400mm，排水管敷设在楼板下沉的空间内，是简单、实用，且较为普遍的方式。但排水管的连接形式有如下不同：

①采用传统的接管方式，即用 P 弯和 S 弯连接浴缸、面盆、地漏。这种传统方式维修比较困难，一旦垃圾杂质堵塞弯头，不易清通。

②采用多通道地漏连接，即将洗脸盆、浴缸、洗衣机、地平面的排水先收入到多通道地漏，再排入立管。采用多通道地漏连接，无须安装存水弯装置，杂质也可通过地漏内的过滤网收集和清除。显然，该方式易于疏通检修，但相对的下沉高度要求较高。

③采用接入器连接，即用同层排水接入器连接卫生器具排水支管、排水横管。除大便器外，其他卫生器具无须设置存水弯，水封问题在接入器本身解决，接入器设有检查盖板、检查口，便于疏通检修。该方式综合了多通道地漏和苏维脱排水系统中混合器的优点，可以减少降板高度，做成局部降板卫生间。

2）不降板的同层排水

不降板同层排水，即是将排水管敷设在卫生间地面或外墙。

①排水管设在卫生间地面，即是在卫生器具后方砌一堵假墙，排水支管不穿越楼板而在假墙内敷设，并在同一楼层内与主管连接，坐便器采用后出口，洗面盆、浴盆、淋浴器的排水横管敷设在卫生间的地面，地漏设置在仅靠立管处，其存水弯设在管井内。此种方

式在卫生器具的选型、卫生间的布置都有一定的局限性，而且卫生间难免会有明管。

②排水管设于外墙，就是将所有卫生器具沿外墙布置，器具采用后排水方式，地漏采用侧墙地漏，排水管在地面以上接至室外排水管，排水立管和水平横管均明装在建筑外墙。该方式卫生间内排水管不外露，整洁美观，噪声小；但限于无冰冻期的南方地区使用，对建筑的外观也有一定的影响。

3）隐蔽式安装系统的同层排水

隐蔽式的同层排水是一种隐蔽式卫生器具安装的墙排水系统。在墙体内设置隐蔽式支架，卫生器具与支架固定，排水与给水管道也设置在支架内，并与支架充分固定。该方式的卫生间因只明露卫生器具本体和配水嘴，而整洁、干净，适合于高档住宅装修品质的要求，是同层排水设计和安装的趋势。

5. 通气系统的布置与敷设

为使生活污水管道和产生有毒有害气体的生产污水管道内的气体流通，压力稳定，排水立管顶端应设伸顶通气管，其顶端应装设风帽或网罩，避免杂物落入排水立管。伸顶通气管的设置高度与周围环境、当地的气象条件、屋面使用情况有关，伸顶通气管高出屋面不小于0.3m，但应大于该地区最大积雪厚度；屋顶有人停留时，高度应大于2.0m；若在通气管口周围4m以内有门窗时，通气管口应高出窗顶0.6m或引向无门窗一侧；通气管口不宜设在建筑物挑出部分（如屋檐檐口、阳台和雨篷等）的下面。

建筑标准要求较高的多层住宅和公共建筑、10层及10层以上高层建筑的生活污水立管宜设置专门的通气管道系统。通气管道系统包括通气支管、通气立管、结合通气管和汇合通气管。

通气支管有环形通气管和器具通气管两类。当排水横支管较长、连接的卫生器具较多时（连接4个及4个以上卫生器具且长度大于12m或连接6个及6个以上大便器）应设置环形通气管。环形通气管在横支管起端的两个卫生器具之间接出，连接点在横支管中心线以上，与横支管呈垂直或45°连接。对卫生和安静要求较高的建筑物宜设置器具通气管，器具通气管在卫生器具的存水弯出口端接出。环形通气管和器具通气管与通气立管连接，连接处的标高应在卫生器具上边缘0.15m以上，且有不小于0.01的上升坡度。

通气立管有专用通气立管、主通气立管和副通气立管三类。系统不设环形通气管和器具通气管时，通气立管通常叫专用通气立管；系统设有环形通气管和器具通气管，通气立管与排水立管相邻布置时，叫主通气立管；通气立管与排水立管相对布置时，叫副通气立管。

为在排水系统形成空气流通环路，通气立管与排水立管间需设结合通气管（或H管件），专用通气立管每隔2层设一个、主通气立管宜每隔8~10层设一个。结合通气管的上端在卫生器具上边缘以上不小于0.15m处与通气立管以斜三通连接，下端在排水横支管以下与排水立管以斜三通连接。当污水立管与废水立管合用一根通气立管时，结合通气管可隔层分别与污水立管和废水立管连接，但最低横支管连接点以下应装设结合通气管。

若建筑物要求不可能每根通气管单独伸出屋面时，可设置汇合通气管；也就是将若干根通气立管在室内汇合后，再设一根伸顶通气管。

若建筑物不允许设置伸顶通气时，可设置自循环通气管道系统。该管路不与大气直接相通，而是通过自身管路的连接方式变化来平衡排水管路中的气压波动，是一种安全、卫生的新型通气模式。当采取专用通气立管与排水立管连接时，自循环通气系统的顶端应在卫生器具上边缘以上不小于 0.15m 处采用 2 个 90° 弯头相连，通气立管下端应在排水横管或排出管上采用倒顺水三通或倒斜三通相接，每层采用结合通气管与排水立管相连；当采取环形通气管与排水横支管连接时，顶端仍应在卫生器具上边缘以上不小于 0.15m 处采用 2 个 90° 弯头相连，且从每层排水支管下端接出环形通气管，应在高出卫生器具上边缘不小于 0.15m 与通气立管相接；当横支管连接卫生器具较多且横支管较长时，需设置支管的环形通气。通气立管的结合通气管与排水立管连接间隔不宜多于 8 层。

通气立管不得接纳污水、废水和雨水，不得与风道和烟道连接。

第三节　给排水竣工后运营

一、运维阶段

1. 养护管理

（1）运维管理平台在养护管理模块的应用设置宜满足下列要求：运维管理平台设置和参数运用宜按照现行行业标准执行；市政信息模型中给排水养护所需构件信息可被完整提取，并导入运维管理平台；运维管理平台宜根据市政给排水信息模型制定管渠、泵站等设施设备的养护工作设计方案；建立数据库用于储存市政给排水项目的设备养护信息，包括养护周期、养护时间、人工耗费等内容，在运维管理平台中通过设备编码与设备模型实现关联。

（2）养护管理需准备的数据资料宜符合下列要求：

1）市政给排水信息模型中养护构件的相关参数信息宜包含下列内容：供水排水设施包含取水口设施、原水输水管线、预处理设施、投药设施、混合絮凝设备、沉淀和澄清设施、过滤设施、臭氧接触池、活性炭滤池、臭氧发生系统、清水池、消毒设施、污泥处理以及地下水处理设施等；供水设备包含水泵、电动机、变压器、高压电气系统、电力电容器、低压电气系统、二次回路系统、防雷与过压保护装置、接地装置以及变频器等；排水设施设备包含管道、明渠、污泥运输设施、水泵、电气设备，进出水设施、仪表与自控设备、泵站辅助设施以及消防器材和安检设施等。

2）市政给排水信息模型宜包含完整的参数信息，并可无损转换为数据库格式文件。养护管理的工作流程宜符合下列要求：将市政给排水项目构件信息导入运维管理平台；运维部门分类和筛选所需养护的构件，在运维管理平台中添加养护周期、养护时间、人工耗费等属性信息；按照不同养护等级，在运维管理平台中设置养护提醒，定期对市政给排水项目的构件进行养护、维修和替换；根据运维管理平台的计划安排，运营维护单位实施养护工作，并做好养护工作记录；养护管理的成果宜包括市政给排水项目的养护构件信息等。

2. 应急事件处置

（1）运维管理平台在应急事件处置模块的应用设置宜满足下列要求：市政给排水信息模型中应急事件处置涉及的设施设备属性信息可被完整提取，并导入运维管理平台；运维管理平台宜根据市政给排水信息模型实施应急突发事件处置模拟，准备各类事件的应急预案；建立数据库用于储存市政给排水项目的应急事件处置信息，包括应急设备位置、应急指导信息、应急预案、监测数据等，在运维管理平台中通过设备编码与设备模型实现关联。

（2）应急事件处置需准备的数据资料宜符合下列要求：市政给排水信息模型中应急处置的设施设备相关信息宜包含沟渠水位、管道水压、水泵、电机工作状态、电气与防雷系统工作状态、通信系统、各项设施故障报警系统、各项元素监测仪表信息，以及各个终端的点位系统关联信息等；市政给排水信息模型宜包含完整的参数信息，并可无损转换为数据库格式文件。

（3）应急事件处置的工作流程宜符合下列要求：将准备数据导入运维管理平台，并将点位、系统关联信息与市政给排水信息模型的构件关联；模拟各类突发事件，制定不同应急预案。将各种应急预案，以多媒体形式输出为图片或视频，作为培训资料；通过通信和视频调度系统处理，将应急指导信息发布至公众信息显示系统，并向系统广播终端和用户移动设备推送批量信息；在市政给排水项目中，定期进行模拟演练和相关点位核查；结合市政给排水信息模型，统计、分析常规监测数据和应急事件。

（4）应急事件处置的成果宜包括应急系统各项设备的点位、状态、参数等信息，以及应急方案等。

3. 资产管理与统计

（1）运维管理平台在资产管理与统计模块的应用设置宜满足下列要求：市政给排水信息模型的资产信息可被完整提取，并导入运维管理平台；运维管理平台宜根据市政给排水信息模型对市政给排水项目的资产信息开展统计、分析、编辑和发布等工作；建立数据库用于储存市政给排水项目的资产信息，包括资产类别、名称、位置、采购信息、维护周期等，在运维管理平台中通过设备编码与设备模型实现关联。

（2）资产管理与统计需准备的数据资料宜符合下列要求：市政给排水信息模型中资产管理与统计的设施设备相关信息宜包含管渠、泵站设施设备、通信系统、电气系统、监控系统等设施设备的资产类别、名称、位置、采购信息、维护周期等；市政给排水信息模型宜包含完整的参数信息，并可无损转换为数据库格式文件。

（3）资产管理与统计的工作流程宜符合下列要求：运维管理平台宜通过编码等方式提取市政给排水信息模型和业务系统的资产信息；采用运维管理平台对市政给排水项目的资

产信息进行统一梳理和分类；在运维管理平台中，将整理的市政给排水项目资产信息进行编辑、展示和输出。

（4）资产管理与统计的成果宜包括市政给排水项目资产统计、分类、分析、发布等信息

4.设备集成与监控

（1）运维管理平台在设备集成与监控模块应用设置宜满足下列要求：市政给排水信息模型中设备信息可被完整提取，并导入运维管理平台；运维管理平台宜根据市政给排水信息模型对市政给排水项目的设施设备、仪表、传感器等实施维护、可视化展示和监控；建立数据库用于储存市政给排水项目设备信息，包括监控信息、实时状态信息、原始采集信息等，在运维管理平台中通过设备编码与设备模型实现关联。

（2）设备集成与监控需准备的数据资料宜符合下列要求：市政给排水信息模型中各项设备信息宜包含下列内容，设备位置、设备（和系统）类别、名称、管理和维护参数等；市政给排水信息模型宜包含完整的参数信息，并可无损转换为数据库格式文件。

（3）设备集成与监控的工作流程宜符合下列要求：根据市政给排水项目设备系统分类，将监控获取的设备信息输入运维管理平台，包含运维、养护所需的信息；运维管理平台宜对比分析设备当前监控参数和原始采集，信息，预测设备运行状态；运维管理平台宜对设备（和系统）实施调取、监控、编辑等工作；运维管理平台宜针对设备的养护、保养、替换等需求设置自动提醒功能。

（4）设备集成与监控的成果宜包括设备（系统和单体）的三维可视化、运行状态监控、自动提醒等信息。

二、给水管网的日常维护与检测

（一）管网的检漏

检漏工作是降低管线漏水量、节约用水量，降低成本的重要措施。漏水量的大小与给水管网的材料质量施工质量、日常维护工作、管网运行年限、管网工作压力等因素有关。

管网漏水不仅会提高运行成本，还会影响附近其他设施的安全。

水管漏水的原因很多，如管网质量差或使用过久而破损；施工不良、管道接口不牢、管基沉陷、支座（支墩）不当、埋深不够、防腐不规范等；意外事故造成管网的破坏；维修不及时；水压过高等都会导致管网漏水。

检漏的方法有很多，如听漏法、直接观察法、分区检漏法等。

1.听漏法

听漏法是常用的检漏方法，是根据管道漏水时产生的漏水声或由此产生的震荡，利用听漏棒、听漏器以及电子检漏器等仪器进行管道检漏的测定。

听漏工作为了避免其他杂音的干扰，应选择在夜间进行。使用听漏棒时，将其一端放在地面、阀门或消火栓上，可从棒的另一端听到漏水声。这种方法与操作人员的经验有很

大的关系。

半导体检漏仪则是比较好的检漏工具。它是一种音频放大器，利用晶体探头将地下漏水的低频振动转化为电信号，放大后即可在耳机里听到漏水声，也可从输出电表的指针摆动看出漏水的情况。检漏器的灵敏度很高，但杂音也会放大，故而有时判断起来也有困难。

2. 直接观察法

直接观察法是从地面上观察管道的漏水迹象。遇到下列情况之一，可作为查找漏水点的依据：地面上有"泉水"出露，甚至呈明显的管涌现象；铺设时间不长的管道，管沟回填土如局部下塌速度比别处快；局部地面潮湿；柏油路面发生沉陷现象；管道上有青草局部茂盛处等。此方法简单易行，但比较粗略。

3. 分区检测法

把整个给水管网分成若干小区，凡与其他小区相通的阀门全部关闭，小区内暂停用水，然后开启装有水表的进水管上的阀门，如小区内的管网漏水，水表指针将会转动，由此可读出漏水量。查明小区内管道漏水后，可按需要逐渐缩小检漏范围。

检漏的方法多种多样，在工程实践中我们可以根据不同的情况，采取相应的检漏措施。

（二）管道水压和流量测定

管网运行过程中为了更好地了解管网中运行参数的变化，通常需要对某些管道进行水压和流量测定。

1. 压力测定

在水流呈直线的管道下方设置导压管，注意导压管应与水流方向垂直。在导压管上安装压力表即可测出该管段水压值的大小。

2. 流量的测定

流量测定的设备较多，在此简单介绍三种。

（1）差压流量计。差压流量计基于流体流动的节流原理，利用液体经节流装置时产生的压力差实现流量的测定。它由节流装置、压差引导管和压差计三部分组成。节流装置是差压式流量计的测量元件，它装在管道里造成液体的局部收缩。

（2）电磁流量计。电磁流量计测量原理是基于法拉第电磁感应定律；即导电液体在磁场中做切割磁力线运动时，导体中产生感生电动势。测量流量时，液体流过垂直于流动方向的磁场，导电性液体的流动感应出一个与平均流速成正比的电压，因此，要求被测流动流体要有最低限度的导电率，其感生电压信号通过两个与液体直接接触的电极检出，并通过电缆传送至放大器，然后转换为统一输出的信号。这种测量方式具有如下优点：测量管内无阻流检测件，因而无附加压力损失；由于信号在整个充满磁场的空间中形成，它是管道截面上的平均值，因此，从电极平面至传感器上游端平面间所需直管段相对较短，长度为5倍的管径；只有管道衬里和电极与被测液体接触，因此，只要合理选择电极及衬里材料，即可达到耐腐蚀、耐磨损的要求；传感器信号是一个与平均流速成精确线性关系的电动势；测量结果与液体的压力、温度、密度、黏度、电导率（不小于最低电导率）等物理参数无关，所以测量精度高，工作可靠。

（3）超声波流量计。超声波流量计是利用超声波传播原理测量圆管内液体流量的仪器。探头（换能器）贴装在管壁外侧，不与液体直接接触，其测量过程对管路系统无任何影响，使用非常方便。

仪表分为探头和主机两部分。使用时将探头贴装在被测管路上，通过电缆与主机连接。使用键盘将管路及液体参数输入主机，仪表即可工作。PCL型超声波流量计采用先进的"时差"技术，高精度地完成电信号的测量，以独特的技术完成信号的全自动跟踪、雷诺数及温度自动补偿。电路设计上充分考虑了复杂的现场，从而保证仪表的精度、准确、可靠性。

三、排水管渠清淤及维护

排水管渠在建成通水后，为保证其正常工作，必须经常进行养护和管理。排水管渠内常见的故障有污物淤塞管道；过重的外荷载、地基不均匀沉陷或污水的侵蚀作用，使管渠损坏、裂缝或腐蚀等。

管理养护的任务是：验收排水管道；监督排水管渠使用规则的执行；经常检查、冲洗或清通排水管渠，以维持其通水能力；修理管渠及其构筑物，并处理意外事故等。

排水管渠系统的管理养护工作，一般由城市建设机关专设部门（如养护工程管理处）领导，按行政区划设养护管理所，下设若干养护工程队（班），分片负责。整个城市排水系统的管理养护组织一般可分为管渠系统、排水泵站和污水处理厂三部分。工厂内的排水系统，一般由工厂自行负责管理和养护。在实际工作中，管渠系统的管理养护应实行岗位责任制，分片包干，以充分发挥养护人员的积极性。同时，可根据管渠中污物沉积可能性的大小，划分成若干养护等级，以便对其中水力条件较差，排入管渠的污物较多，易于淤塞的管渠段，给予重点养护。实践证明，这样可以大大提高养护工作的效率，是保证排水管渠系统全线正常工作的行之有效的办法。

1. 排水管渠的清通

管渠系统管理养护经常性的和大量的工作是清通排水管渠。在排水管渠中，往往由于水量不足，坡度较小，污水中污物较多或施工质量不良等原因而发生沉淀、淤积。淤积过多将影响管渠的通水能力，甚至使管渠堵塞。因此，必须定期清通。清通的方法主要有水力方法和机械方法两种。

（1）水力清通

水力清通方法是用水对管道进行冲洗。既可以利用管道内的污水自冲，也可利用自来水或河水冲洗。用管道内的污水自冲时，管道本身必须具有一定的流量，同时，管内淤泥不宜过多（20%左右）。用自来水冲洗时，通常从消防龙头或街道集中给水栓取水，或用水车将水送到冲洗现场，一般在街区内的污水支管，每冲洗一次需水 $2 \sim 3m^3$。首先用一个一端由钢丝绳系在绞车上的橡胶气塞或木桶橡胶刷堵住检查井下游管段的进口，使检查井上游管段充水。待上游管中水充满并在检查井中水位抬高至 1m 左右以后，突然放走气塞中部分空气，使气塞缩小，气塞便在水流的推动下往下游浮动而刮走污泥；同时，水流在上游较大水压作用下，以较大的流速从气塞底部冲向下游管段。如此，沉积在管底的淤泥便在气塞和水流的冲刷作用下排向下游检查井，管道本身则得到清洗。

污泥排入下游检查井后，可用吸泥车抽吸运走。吸泥车的形式有：装有隔膜泵的吸泥车、装有真空泵的真空吸泥车和装有射流泵的射流泵式吸泥车。有些城市采用水力冲洗车进行管道的清通。这种冲洗车由半拖挂式的大型水罐、机动卷管器、消防水泵、高压胶管、射水喷头和冲洗工具箱等部分组成。

目前，生产中使用的水力冲洗车的水罐容量为 $1.2\sim8.0m^3$，高压胶管直径为 $25\sim32mm$，喷头喷嘴有 $1.5\sim8.0mm$ 等多种规格。射水方向与喷头前进方向相反，喷射角为 $15°$，$30°$ 或 $35°$；消耗的喷射水量为 200~500L/min。

水力清通方法操作简便，工效较高，工作人员操作条件较好，目前已得到广泛采用。根据我国一些城市的经验，水力清通不仅能清除下游管道 250m 以内的淤泥，而且在 150m 左右上游管道中的淤泥也能得到相当程度的刷清。当检查井的水位升高到 1.20m 时，突然松塞放水，不仅可清除污泥，而且可冲刷出沉在管道中的碎砖石。但在管渠系统脉脉相通的地方，当一处用上气塞后，此处的管渠被堵塞，由于上游的污水可以流向别的管段，无法在该管渠中积存，气塞也就无法向下游移动，此时，只能采用水力冲洗车或从别的地方运水来冲洗，消耗的水量较大。

（2）机械清通

当管渠淤塞严重，淤泥已黏结密实，水力清通的效果不好时，需要采用机械清通方法。

首先，用竹片穿过需要清通的管渠段，竹片一端系上钢丝绳，绳上系住清通工具的一端。在清通管渠段两端检查井上各设一架绞车，当竹片穿过管渠段后将钢丝绳系在一架绞车上，清通工具的另一端通过钢丝绳系在另一架绞车上。然后，利用绞车往复绞动钢丝绳，带动清通工具将淤泥刮至下游检查井内，使管渠得以清通。绞车的动力可以是手动，也可以是机动，例如，以汽车引擎为动力。

机械清通工具的种类繁多，按其作用分：有耙松淤泥的骨骼形松土器；有清除树根及织物等沉淀物的弹簧刀和锚式清通器，和有利于刮泥的清通工具，如胶皮刷、铁畚箕、钢丝刷及铁牛等。清通工具的大小应与管道管径相适应，当淤泥数量较多时，可先用小号清通工具，待淤泥清除到一定程度后再用与管径相适应的清通工具。清通大管道时，由于检查井井口尺寸的限制，清通工具可分成数块，在检查井内拼合后再使用。

国外开始采用气动式通沟机与钻杆通沟机清通管渠。气动式通沟机借压缩空气把清泥器从一个检查井送到另一个检查井，然后用绞车通过该机尾部的钢丝绳向后拉，清泥器的翼片即行张开，把管内淤泥刮到检查井底部；钻杆通沟机是通过汽油机或汽车引擎带动一机头旋转，把带有钻头的钻杆通过机头中心由检查井通入管道内，机头带动钻杆转动，使钻头向前钻进，同时，将管内的淤积物清扫到另一个检查井中。

淤泥被刮到下游检查井后，通常也可采用吸泥车吸出。如果淤泥含水率低，可采用抓泥车挖出，然后由汽车运走。

排水管渠的养护工作必须注意安全。管渠中的污水通常能析出硫化氢、甲烷、二氧化碳等气体，某些生产污水能析出石油、汽油或苯等气体，这些气体与空气混合能形成爆炸性气体。煤气管道失修、渗漏也能导致煤气逸入管渠中造成危险。如果养护人员下井，除应有必要的劳保用具外，下井前必须先将安全灯放入井内，如有有害气体，由于缺氧，灯将熄灭；如有爆炸性气体，灯在熄灭前会发出闪光。在发现管渠中存在有害气体时，必须采取有效措施排除，例如，将相邻两检查井的井盖打开一段时间，或者用抽风机吸出气体。排气后要进行复查。即使确认有害气体已被排除，养护人员下井时也应有适当的预防措施，例如，在井内不得携带有明火的灯，不得点火或抽烟，必要时可戴上附有气袋的防毒面具，穿上系有绳子的防护腰带，井上留人，以备随时给予井下人员必要的援助。

2. 排水管渠的修理

系统地检查管渠的淤塞及损坏情况，有计划地安排管渠的修理，是养护工作的重要内容之一。当发现管渠系统有损坏时，应及时修理，以防损坏处扩大而造成事故。管渠的修理有大修与小修之分，应根据各地的经济条件来划分。修理内容包括检查井、雨水口顶盖等的修理与更换；检查井内踏步的更换，砖块脱落后的修理；局部管渠损坏后的修补；由于出户管的增加需要添建的检查井及管渠；或由于管渠本身损坏严重、淤塞严重，无法清通时所需的整段开挖翻修。

当进行检查井的改建、新建或整段管渠翻修，需要切断污水的流通时，应采取措施，如安装临时水泵将污水从上游检查井抽送到下游检查井，或者临时将污水引入雨水管渠中。

修理项目应尽可能在短时间内完成，如能在夜间进行更好。若需要时间较长时，应与有关交通部门取得联系，设置路障，夜间应挂红灯。

3. 排水管道渗漏检测

排水管道的渗漏主要用闭水试验来检测，闭水试验的方法是先将两排水检查井间的管道封闭，封闭的方法可用砖砌水泥砂浆或用木制堵板加止水垫圈。封闭管道后，从管到底的一端充水，目的是便于排除管道中的空气，直到排气管排水；关闭排气阀，再充水使水位达到水桶内所要求的高度，记录时间和计算水桶内的降水量，则可根据规范的要求判断管道的渗水量。

非金属污水管道闭水试验应符合下列规定：

（1）在潮湿土壤中，检查地下水渗入管中的水量，可根据地下水的水平线而定。地下水位超过管顶 2~4m，渗入管中的水量不超过规定；地下水超过管顶 4m，则每增加水头 1m，允许多渗入水量 10%。

（2）在干燥土壤中，检查管道的渗出水量，其充水高度高出上游检查井内管顶高度 4m。

（3）非金属污水管道的渗水试验时间不应小于 30min。

第三章　水样的采集保存与水质分析

水样的采集与保存是水质分析工作的重要环节，使用正确的采样和保存方法并及时送检是分析结果正确反映水中被测组分真实含量的必要条件。因此，在任何情况下，都必须严格遵守取样规则，以保证分析取得可靠结果。水样的采集与保存既是水污染与防治工作的重要基础之一，也是给水排水专业技术人员必备的基本功之一。本章主要对水样的采集保存与水质分析进行详细的讲解。

第一节　水样的采集

一、认识水样

水样的采集和保存是水质分析的重要环节之一，是水质分析准确性的重要保障。如果这个环节出现问题，后续的分析测试工作无论多么严密、准确无误，其结果也是毫无意义，也将会误导环境执法、水质评价工作。因此，欲获得准确、可靠的水质分析数据，水样采集和保存方法必须规范、统一，各个环节都不能存在疏漏。

水样采集和保存的主要原则有：水样必须具有足够的代表性；水样必须不受任何意外的污染。

水样的代表性是指水样中各种组分的含量都能符合被测水体的真实情况。要采集到真实而有代表性的水样，必须选择合理的采样位置、采样时间和科学的采样技术方法。

对于天然水体，为了采集具有代表性的水样，就要根据分析目的和现场实际情况来确定采集样品的类型及采样方法。对于工业废水和生活污水，应根据生产工艺、排污规律和监测目的，针对其流量、浓度都随时间变化的非稳态流体特性，科学、合理地设计水样采集的种类和采样方法。归纳起来，水样类型有以下6种。

1. 瞬时水样

瞬时水样是指在某一时间和地点从水中（天然水体或废水排水口）随机采集的分散水样。其特点是监测水体的水质比较稳定，瞬时采集的水样已具有很好的代表性。

2. 等时混合水样（平均混合水样）

等时混合水样是指某一时段内（一般为一昼夜或一个生产周期），在同一采样点按照相等时间间隔采集等体积的多个水样，经混合均匀后得到等时混合水样。此采样方法适用于废水流量较稳定（变化不大于 20% 时），但水体中污染物浓度随时间有变化的废水。

3. 等比例混合水样（平均比例混合水样）

等比例混合水样是指某一时段内，在同一采样点所采集水样量随时间或流量成比例变化，经混合均匀后得到等比例混合水样。

部分工业企业由于生产的周期性，废水的组分、浓度及排放量都会随时间发生变化，这时就应采集等比例混合水样。即在一段时间内，间隔一定的时间采样，然后按相应的流量比例混合均匀后组成的混合水样；或在一段时间内，根据流量情况，适时增减采样量和采样频次，采集的水样立即混合后得到的等比例混合水样。

多支流河流、多个废水排放口的工业企业等经常需要采集等比例混合水样。因为等比例混合水样可以保证监测结果具有代表性，并使工作量不会增加过多，从而节省人力和财力。

4. 流量比例混合水样

流量比例混合水样即在有自动连续采样器的条件下，在一段时间内按流量比例连续采集而混合均匀的水样。流量比例混合水样一般采用与流量计相连的自动采样器进行采样。比例混合水样分为连续比例混合水样和间隔比例混合水样两种。连续比例混合水样是在选定采样时段内，根据废水排放流量，按一定比例连续采集的混合水样；间隔比例混合水样是根据一定的排放量间隔，分别采集与排放量有一定比例关系的水样混合而成。

5. 综合水样

综合水样是指在不同采样点同时采集的各个瞬时水样经混合后所得到的水样。这种水样在某些情况下更具有实际意义，适用于在河流主流、多个支流及多个排污点处同时采样，或者在工业企业内各个车间排放口同时采集水样的情况。以综合水样得到的水质参数作为水处理工艺设计的依据更有价值。

6. 单独水样

有些天然水体和废水中，某些成分的分布很不均匀，如油类和悬浮物；某些成分在放置过程中很容易发生变化，如溶解氧和硫化物；某些成分的现场固定方式相互影响，如氰化物和 COD 等综合指标。如果从采样瓶中取出部分水样来分析这些项目，其结果往往已失去了代表性。这时必须采集单独水样，分别进行现场固定和后续分析。

二、采样要求

1. 不同种类水体的采样要求

水体性质不同，水样采集的方法也不相同。水体性质，一般可按其成分分为洁净的或稍受污染的水、污染水、工业废水和生活污水四种，各种水样的采集均需具有代表性。

（1）洁净的或稍受污染的水。多指地下水与洁净的或稍受污染的地表水，它们的水质一般变化不大。为了保证水样的代表性，对地下水来说，应在经常出流的泉水或经常开采的井中采取；对地表水来说，则应取水体经常流动的部分。

（2）污染水。一般指污染地表水体或严重污染的地下水，其中，后者一般水质变化较慢，可按洁净的或稍受污染的地下水采样要求采集水样；同时，查明污染质种类、来源，排放位置及排放特点等。对污染地表水，则应首先查明以上各点，然后按工作目的选择适宜的取样点，采取平均混合水样、平均比例混合水样或与高峰排放有关的瞬时水样等。

（3）工业废水。由于生产工艺过程不同，其成分经常发生变化，因此，必须首先研究生产工艺过程、生产情况，然后按工作目的与具体情况确立采集方法、次数、时间，分别采集平均混合水样、平均比例混合水样或高峰排放水样，以保证水样具有代表性。

平均混合水样和平均比例混合水样的采集是根据废水的生产情况，前者是一昼夜或几昼夜中每隔相同时间取等量废水充分混合后，从中倒出 2L 装入另一清洁瓶中，以备检验；后者是按照水流量不同，大时多取，小时少取，按比例取样，充分混合后以备检验。

（4）生活污水。与人们的作息时间、季节性的食物种类有关。一天中不同时间的水质不完全一样，其采集方法也可参照工业废水的采样方法，分别采集平均混合水样、平均比例混合水样等。

2. 采样的基本要求

（1）采样前都要用欲采集的水样洗刷容器至少三次，然后正式取样。

（2）取样时使水缓缓流入容器，并从瓶口溢出，直至塞瓶塞为止。避免故意搅动水源，勿使泥沙、植物或浮游生物进入瓶内。

（3）水样不要装满水样瓶，应留 10~20mL 空间，以防温度变化时瓶塞被挤掉。

（4）取好水样，盖严瓶塞后，瓶口不应漏水，然后用石蜡或火漆封好瓶口。如样品运送距离较远，则先用纱布或细绳将瓶口缠紧，再用石蜡或火漆封住。

（5）当从一个取样点采集多瓶样品时，则应先将水样注入一个大的容器中，再从大容器迅速分装到各个瓶中。

（6）采集高温水样时，水样注满后，在瓶塞上插入一个内径极细的玻璃管，待冷至常温，拔去玻璃管，再密封瓶口。

（7）水样取好后，立即贴上标签，标签上应写明：水温、气温、取样地点及深度、取样时间、要求分析的项目、名称，以及其他地质描述。如样品经过化学处理，则应注明加入化学试剂的名称、浓度和数量，并同时在野簿上做好采样记录。

（8）尽量避免过滤样品，但当水样浑浊时，金属元素可能被悬浮微粒吸附，也可能在酸化后从悬浮微粒中溶出。因此，应在采样时立即用 0.45μm 滤器过滤，若条件不具备，也可以采取其他适当方式处理。

三、采样前的准备

在对地表水、地下水、废水和污水采样前，要根据监测内容和监测项目的具体要求选择合适的采样器和盛水器，要求采样器具的材质化学性质稳定、容易清洗、瓶口易密封，确定采样总量（分析用量和备份用量）。

1.采样器

欲从一定深度的水中采样时，需要使用专门的采样器。采样器一般是比较简单的，只要将容器（如水桶、瓶子等）沉入要取样的河水或废水中，取出后将水样倒进合适的盛水器（储样容器）中即可。如图3-1所示为简单采样器。这种采样器是将一定体积的采集瓶套入金属框内，附于框底的铅、铁或石块等重物用来增加自重。瓶塞与一根带有标尺的纫绳相连。当采样器沉入水中预定的深度时，将细绳提起，瓶塞开启，水即注入瓶中。一般不会将水装满瓶，以防温度升高而将瓶塞挤出。

对于水流湍急的河段，宜用如图3-2所示的急流采样器。采样前塞紧橡胶塞，然后垂直沉入要求的水深处，打开上部橡胶夹子，水即沿长玻璃管通至采样瓶中，瓶内空气由短玻璃管沿橡胶管排出。采集的水样因与空气隔绝，可用于水中溶解性气体的测定。

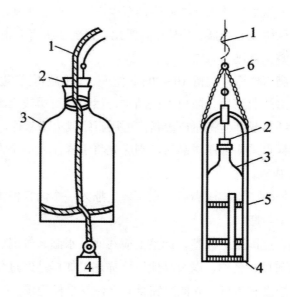

图3-1　简单采样器

1.绳子；2.带有软绳子的木塞；3.采样瓶；4.铅锤；5.铁框；6.挂钩

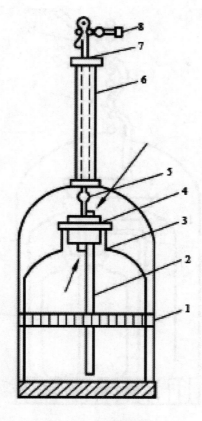

图 3-2　急流采样器

1. 带重锤的软框；2. 长玻璃管；3. 采样瓶；4. 橡胶塞；
5. 短玻璃管；6. 钢管；7. 橡胶管；8. 夹子

　　如果需要测定水中的溶解氧，则应采用如图 3-3 所示的双瓶采样器采集水样。当双瓶采样器沉入水中后，打开上部橡胶塞，水样进入小瓶（采样瓶）并将瓶内空气驱入大瓶，从连接大瓶短玻璃管的橡胶管排出，直到大瓶中充满水样，提出水面后迅速密封大瓶。

　　采集水样量大时，可用采样泵来抽取水样。一般要求在泵的吸水口包几层尼龙纱网以防止泥沙、碎片等杂物进入瓶中。测定痕量金属时，则宜选用塑料泵；也可用虹吸管来采集水样，如图 3-4 所示是一种利用虹吸原理制成的连续采样装置。

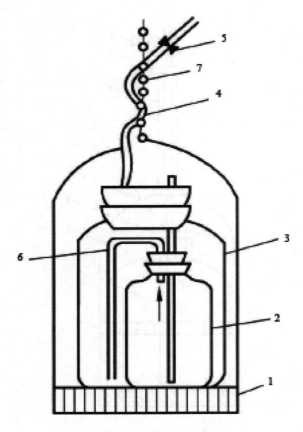

图 3-3　溶解氧采样器

1. 带重锤的铁框；2. 小瓶；3. 大瓶；4. 橡胶管；5. 夹子；6. 塑料管；7. 绳子

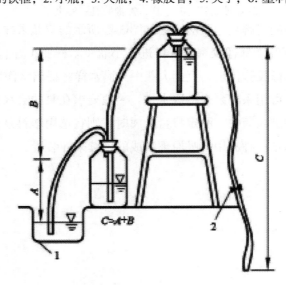

图 3-4　虹吸连续采样器

1. 废水道；2. 螺旋夹

上述介绍的多是定点瞬时手工采样器。为了提高采样的代表性、可靠性和采样效率，目前国内外已开始采用自动采样设备，如自动水质采样器和无电源自动水质采样器。自动水质采样器分为手摇泵采水器、直立式采水器和电动采水泵等，可根据实际需要选择使用。自动采样设备对于制备等时混合水样或连续比例混合水样、研究水质的动态变化及一些地势特殊地区的采样具有十分明显的优势。

2. 盛水器

盛水器（水样瓶）一般由聚四氟乙烯、聚乙烯、石英玻璃和硼硅玻璃等材质制成。研究结果表明，材质的稳定性顺序为：聚四氟乙烯＞聚乙烯＞石英玻璃＞硼硅玻璃。通常，塑料容器（P, plastic）常用作测定金属、放射性元素和其他无机物的水样容器；玻璃容器（G, glass）常用作测定有机物和生物类等的水样容器。

对于有些监测项目，如油类项目，盛水器往往作为采样容器。因此，材质要视检测项目统一考虑。要尽量避免下列问题的发生：水样中的某些成分与容器材料发生反应；容器材料可能引起对水样的某种污染；某些被测物可能被吸附在容器内壁上。

保持容器的清洁也是十分重要的。使用前，必须对容器进行充分、仔细的清洗。一般来说，测定有机物质时宜用硬质玻璃瓶，而当被测物是痕量金属或玻璃的主要成分，如钠、钾、硼、硅等时，就应该选用塑料盛水器。已有资料报道，玻璃中也可溶出铁、锰、锌和铅；聚乙烯中可溶出锂和铜。

每个监测指标对水样容器的洗涤方法也有不同的要求。在我国颁布的《地表水和污水监测技术规范》中，不仅对具体的监测项目所需盛水容器的材质做出了明确的规定，而且对洗涤方法也进行了统一规范。洗涤方法分为Ⅰ，Ⅱ，Ⅲ和Ⅳ四类，分别适用于不同的监测项目。

Ⅰ类：洗涤剂洗 1 次，自来水洗 3 次，蒸馏水洗 1 次。

Ⅱ类：洗涤剂洗 1 次，自来水洗 2 次，（1+3）HNO_3 荡洗 1 次，自来水洗 2 次，蒸馏水洗 1 次。

Ⅲ类：洗涤剂洗 1 次，自来水洗 2 次，（1+3）HNO_3 荡洗 1 次，自来水洗 3 次，去离子水洗 1 次。

Ⅳ类：铬酸洗液洗 1 次，自来水洗 3 次，蒸馏水洗 1 次。必要时，再用蒸馏水、去离子水清洗。

经 160℃ 干热灭菌 2h 的微生物、生物采样容器和盛水器，必须在两周内使用，否则应重新灭菌；经 121℃ 高压蒸汽灭菌 15min 的采样容器，如不立即使用，应于 60℃ 将瓶内冷凝水烘干，两周内使用。细菌监测项目采样时不能用现场水样冲洗采样容器，不能采混合水样，应单独采样后 2h 内送实验室分析。

3. 采样量

采样量应满足分析的需要，并应该考虑重复测试所需的水样量和留作备份试样的水样用量。如果被测物的浓度很低而需要预先浓缩，采样量就要适当增加。

每个分析方法一般不会对相应监测项目的用水体积提出明确要求。但有些监测项目的采样或分样过程也有特殊要求，需要特别指出。

（1）当水样应避免与空气接触时（如测定含溶解性气体或游离 CO_2 水样的 pH 或电导率），采样器和盛水器都应完全充满，不留气泡空间。

（2）当水样在分析前需要摇荡均匀时（如测定油类或不溶解物质），则不应充满盛水器，装瓶时应使容器留有 1/10 顶空，保证水样不外溢。

（3）当被测物的浓度很低且是以不连续的物质形态存在时（如不溶解物质、细菌、藻类等），应从统计学的角度考虑单位体积里可能的质点数目来确定最小采样量。例如，水中所含的某种质点为 10 个 /L，但每 100mL 水样里所含的却不一定都是 1 个，有的可能含有 2 个、3 个，而有的则可能一个也没有。采样量越大，所含质点数目的变率就越低。

（4）将采集的水样总体积分装于几个盛水器内时，应考虑各盛水器水样之间的均匀性和稳定性。

水样采集后，应立即在盛水器（水样瓶）上贴上标签，填写好水样采样记录，包括水样采样地点、日期、时间、水样类型、水体外观、水位情况和气象条件等。

四、地表水的采样方法

地表水水样采样时，通常采集瞬时水样；有重要支流的河段，有时需要采集综合水样或平均比例混合水样。

地表水表层水的采集，可用适当的容器如水桶等采集。在湖泊、水库等处采集一定深度的水样，可用直立式或有机玻璃采样器，并借助船只、桥梁、索道或涉水等方式进行水样采集。

1. 船只采样

按照监测计划预定的采样时间、采样地点，将船只停在采样点下游方逆流采样，以避免船体搅动起沉积物而污染水样。

2. 桥梁采样

确定采样断面时应考虑尽量利用现有的桥梁采样。在桥上采样安全，并且不受天气和洪水等气候条件的影响，适于频繁采样，并能在空间上准确控制采样点。

3. 索道采样

适用于地形复杂、险要，地处偏僻的小河流的水样采样。

4. 涉水采样

适用于较浅的小河流和靠近岸边水浅的采样点。采样时从下游向上游方向采集水样，以避免涉水时搅动起水下沉积物而污染水样。

采样时，应注意避开水面上的漂浮物进入采样器。正式采样前要用水样冲洗采样器 2~3 次，洗涤废水不能直接回倒入水体中，以避免搅起水中悬浮物。采集具有一定深度的河流等水体的水样时，应使用深水采样器，慢慢放入水中采样，并严格控制好采样深度。

采集油类指标的水样时，要避开水面上的浮油，在水面下 5~10cm 处采集水样。

五、废水或污水的采样方法

工业废水和生活污水的采样种类和采样方法取决于生产工艺、排污规律和监测目的，采样涉及采样时间、地点和采样频次。由于工业废水的流量和浓度都是随时间变化的非稳态流体，可根据能反映其变化并具有代表性的采样要求，采集合适的水样（瞬时水样、等时混合水样、等时综合水样、等比例混合水样和流量比例混合水样等）。对于生产工艺连续、稳定的企业，所排放废水中的污染物浓度及排放流量变化不大，仅采集瞬时水样就具有较好的代表性；对于排放废水中污染物浓度及排放流量随时间变化无规律的情况，可采集等时混合水样、等比例混合水样或流量比例混合水样，以保证采集的水样的代表性。

废水和污水的采样方法有以下三种。

1. 浅水采样

当废水以水渠形式排放到公共水域时，应设适当的堰，可用容器或用长柄采水勺从堰溢流中直接采样。在排污管道或渠道中采样时，应在液体流动的部位采集水样。

2. 深层水采样

适用于废水或污水处理池中的水样采集，可使用专用的深层采样器采集。

3. 自动采样

利用自动采样器或连续自动定时采样器采集。可在一个生产周期内，按时间程序将一定量的水样分别采集到不同的容器中自动混合。采样时采样器可定时连续地将一定量的水样或按流量比采集的水样汇集于一个容器中。

自动采样对于制备混合水样（尤其是连续比例混合水样），以及在一些难以抵达的地区采样等都是十分有用和有效的。

第二节 水样的保存

一、水样保存的要求和措施

适当的保护措施虽然能够降低变化的程度或减缓变化的速度，但并不能完全抑制这种变化。有些测定项目的组分特别容易发生变化，必须在采样现场进行测定；有些项目在采样现场采取一些简单的预处理措施后，能够保存一段时间。水样允许保存的时间与水样的性质、分析的项目、溶液的酸度贮存容器，以及存放温度等多种因素有关。

1. 保存水样的基本要求

（1）减缓生物作用；

（2）减缓化合物或络合物的水解及氧化—还原作用；

（3）减少组分的挥发和吸附损失。

2. 常采用的保存措施

（1）选择适当材料的容器；

（2）控制溶液的 pH；

（3）加入化学试剂抑制氧化还原反应和生化作用；

（4）冷藏或冷冻以降低细菌的活动性和化学反应速度。

针对不同的测定项目，需采取不同的保存方法。

二、样品的管理

对采集的每一个水样都要做好记录，并在每一个瓶子上做上相应的标记。要记录足够的资料为日后提供确切的水样鉴别；同时，记录水样采集者的姓名、当时气候条件等。在现场观测时，现场测量值及备注等资料可直接记录在预先准备的记录表格上。不在现场进行测定的样品要用其他形式做好标记。

装有样品的容器必须妥善保护和密封。在运输中除应防震、避免日光照射和低温运输外，还要防止新的污染物进入容器和玷污瓶口；在转交样品时，转交人和接受人必须清点和检查并注明时间，要在记录卡上签字；样品送至实验室时，首先要核对样品，验明标志，确定无误时方能签字验收。

样品验收后，如果不能立即进行分析，则应妥当保存，防止样品组分的挥发或发生变化，以及被污染的可能性。

以上是水样采集与保存的一般原则和方法，具体规定参照相应标准和技术规定。

三、水样的运输和保存

由于从采集地到分析实验室有一定距离，各种水质的水样在运送的时间里都会由于物理、化学和生物的作用而发生各种变化。为了使这些变化降低到最低限度，需要采取必要的保护性措施（如添加保护性试剂或制冷剂等措施），并尽可能地缩短运输时间（如采用专门的汽车、卡车甚至直升机运送）。

1. 水样的运输

在水样的运送过程中，需要特别注意以下 4 点。

（1）盛水器应当妥善包装，以免它们的外部受到污染，运送过程中不应破损或丢失。特别是水样瓶的颈部和瓶塞在运送过程中不应破损或丢失。

（2）为避免水样容器在运输过程中因震动、碰撞而破损，最好将样品瓶装箱，并采用泡沫塑料减震。

（3）需要冷藏、冷冻的样品，需配备专用的冷藏、冷冻箱或车运送；条件不具备时采用隔热容器，并加入足量的制冷剂达到冷藏、冷冻的要求。

（4）冬季水样可能结冰。如果盛水器用的是玻璃瓶，则采取保温措施以免破裂。水样的运输时间一般以 24h 为最大允许时间。

2. 水样的保存

水样采集后，应尽快进行分析测定。能在现场做的监测项目要求在现场测定，如水中的溶解氧、温度、电导率、pH 等。但由于各种条件所限（如仪器、场地等），往往只有少数测定项目可在现场测定，大多数项目仍需送往实验室内进行测定。有时因人力、时间不足，还需在实验室内存放一段时间后才能分析。因此，从采样到分析的这段时间里，水样的保存技术就显得至关重要。

有些监测项目在采样现场采取一些简单的保护性措施后，能够保存一段时间。水样允许保存的时间与水样的性质、分析指标、溶液的酸度、保存的容器和存放温度等多种因素有关。不同的水样允许的存放时间也有所不同。一般认为，水样的最大存放时间为：清洁水样 72h，轻污染水样 48h，重污染水样 12h。

采取适当的保护措施，虽然能够降低待测成分的变化程度或减缓变化的速度，但并不能完全抑制这种变化。水样保存的基本要求只能是尽量减少其中各种待测组分的变化，所以要求做到：减缓水样的生物化学作用；减缓化合物或络合物的氧化 - 还原作用；减少被测组分的挥发损失；避免沉淀、吸附或结晶物析出所引起的组分变化。

水样主要的保护性措施如下：

（1）选择合适的保存容器

不同材质的容器对水样的影响不同，一般可能存在吸附待测组分或自身杂质溶出污染水样的情况，因此，应该选择性质稳定、杂质含量低的容器。一般常规监测中，常使用聚乙烯和硼硅玻璃材质的容器。

（2）冷藏或冷冻

水样保存能抑制微生物的活动，减缓物理作用和化学反应速度。如将水样保存在 $-22℃ \sim -18℃$ 的冷冻条件下，会显著提高水样中磷、氮、硅化合物及生化需氧量等监测项目的稳定性。而且，这类保存方法对后续分析测定无影响。

（3）加入保存药剂

在水样中加入合适的保存药剂，能够抑制微生物活动，减缓氧化还原反应。加入的方法可以是在采样后立即加入；也可以在水样分样时，根据需要分瓶分别加入。

不同的水样、同一水样的不同的监测项目要求使用的保存药剂不同，保存药剂主要有生物抑制剂、pH 调节剂、氧化或还原剂等类型。具体的作用如下：

①生物抑制剂。在水样中加入适量的生物抑制剂可以阻止生物作用。常用的试剂有氯化汞（$HgCl_2$），加入量为每升水样 20~60mL。对于需要测汞的水样，可加入苯或三氯甲烷，每升水样加 0.1~1.0mL；对于测定苯酚的水样，用 H_3PO_4 调节水样的 pH 为 4 时，加入 $CuSO_4$，可抑制苯酚菌的分解活动。

②调节pH。加入酸或碱调节水样的pH，可以使一些处于不稳定态的待测成分转变成稳定态。例如，对于水样中的金属离子，需加酸调节水样的pH<2，达到防止金属离子水解沉淀或被容器壁吸附的目的。测定氰化物或挥发酚的水样，需要加入NaOH调节其pH>12，使两者分别生成稳定的钠盐或酚盐。

③氧化或还原剂。在水样中加入氧化剂或还原剂可以阻止或减缓某些组分氧化、还原反应的发生。例如，在水样中加入抗坏血酸，可以防止硫化物被氧化；测定溶解氧的水样则需要加入少量硫酸锰和碘化钾-叠氮化钠试剂将溶解氧固定在水中。

对保存药剂的一般要求是：有效、方便、经济，而且加入的任何试剂都不应对后续的分析测试工作造成影响。对于地表水和地下水，加入的保存试剂应该使用高纯品或分析纯试剂，最好是用优级纯试剂。当添加试剂的作用相互有干扰时，建议采用分瓶采样、分别加入的方法保存水样。

（4）过滤和离心分离

水样浑浊也会影响分析结果。用适当孔径的滤器可以有效地除去藻类和细菌，滤后的样品稳定性提高。一般而言，可采用澄清、离心、过滤等措施分离水样中的悬浮物。

国际上，通常将孔径为0.45μm的滤膜作为分离可滤态与不可滤态的介质，将孔径为0.25μm的滤膜作为除去细菌的介质。采用澄清后取上清液或用滤膜、中速定量滤纸、砂芯漏斗或离心等方式处理水样时，其阻留悬浮性颗粒物的能力大体为：滤膜＞离心＞滤纸＞砂芯漏斗。

欲测定可滤态组分，应在采样后立即用0.45μm的滤膜过滤，暂时无0.45μm的滤膜时，泥沙性水样可用离心方法分离；含有有机物多的水样可用滤纸过滤；采用自然沉降取上清液测定可滤态物质是不恰当的。如果要测定全组分含量，则应在采样后立即加入保存药剂，分析测定时充分摇匀后再取样。

国家相关标准中有详细的推荐保存技术。实际应用时，具体分析指标的保存条件应该和分析方法的要求一致，相关国家标准中有规定保存条件的，应该严格执行国家标准。

第三节　水样分析与测试

实验一：水中pH、电导率、游离二氧化碳等的现场测定。

一、pH 的测定

1. 实验目的

了解pH的含义，掌握玻璃电极法测定水样pH的原理及方法。

2. 实验原理

pH 为水中氢离子活度的负对数：

$$pH=lgHt—lg[H+]$$

pH 可间接地表示水的酸碱度。天然水的 pH 一般在 6～9 范围内。由于 pH 随水温变化而变化，测定时应在规定的温度下进行，或者校正温度。

玻璃电极法是以玻璃电极为指示电极，以饱和甘汞电极为参比电极组成，此电池可表示为：

Ag，AgCl/HCl/ 玻璃膜 / 水样 //(饱和)HCl/HgCl$_2$，Hg。

在一定条件下，上述电池的电动势与水样的 pH 成直线关系，可表示为：

$$E=K+0.059pH（25℃）$$

在实际工作中，不可能用该式直接计算 pH，而是用一个确定的标准缓冲液作为基准，比较包含水样和包含标准缓冲溶液的两个工作电池的电动势来确定水样的 pH。

3. 实验仪器

（1）玻璃电极；

（2）饱和甘汞电极；

（3）复合电极；

（4）便携式酸度计或酸度计；

（5）磁力搅拌器；

（6）聚乙烯或聚四氟乙烯烧杯。

4. 实验试剂

配制 pH 分别为 4.01，6.86，9.18 的标准缓冲溶液。

5. 实验步骤

测定 pH 最常用的方法有试纸法、电位法和比色法。

（1）pH 试纸法

在要求不太精确的情况下，利用市售的 pH 试纸测定水的 pH 值是简便而快速的方法。首先，用 pH=1～14 的广泛试纸测定水样的大致 pH 范围；然后，用精密 pH 试纸进行测定。测定时，将试纸浸入欲测的水样中，半秒钟后取出，与色板比较，读取相应的 pH 值。

（2）pH 电位法

1）测定步骤按照所用仪器的使用说明书测试。

2）将水样与标准溶液调到同一温度，记录测定温度，把仪器温度补偿旋钮调至该温度处。选用与水样 pH 相差不超过 2 个 pH 单位的标准溶液校准仪器。从第一个标准溶液中取出电极，彻底冲洗，并用滤纸吸干，再浸入第二个标准溶液中，如测定值与第二个标准溶液 pH 之差大于 0.1pH，应该检查仪器、电极或标准溶液是否有问题，当三者均无异常情况时方可测定水样。

先用水仔细冲洗电极，再用水样冲洗，然后将电极浸入水样中，小心搅拌或摇动使其均匀，待读数稳定后记录 pH。

（3）注意事项

1）玻璃电极在使用前应在蒸馏水中浸泡 24h 以上，用毕后要冲洗干净，并浸泡在水中；

2）测定前不宜提前打开水样瓶塞，以防止空气中的二氧化碳溶入瓶中或水样中的二氧化碳逸失；

3）测定时复合电极的球泡应全部浸入溶液中，在测定时应小心操作，不应用电极剧烈搅拌溶液，以免玻璃球泡碰撞碰破；

4）复合电极球泡受污染时先用稀盐酸溶解无机盐结垢，再用丙酮除去油污。

二、电导率的测定

1. 实验目的

了解电导率的含义。掌握电导率的测定方法。

2. 实验原理

电导率是以数字表示溶液传导电流的能力。纯水的电导率很低，当水中含无机酸、碱或盐时，电导率就增加。电导率常用于间接推测水中离子成分的总浓度。水溶液的电导率取决于离子的性质和浓度、溶液的温度和黏度等。

电导率的标准单位是 S/m（西门子 / 米），此单位与 Ω/m 相当。一般实际使用单位为 mS/m，此单位与 $10\mu\ \Omega/cm$ 相当。

单位间的互换为：

$$1mS/m=0.01mS/cm=10\mu\ \Omega 2/cm=10\mu S/cm$$

新蒸馏水电导率为 0.05~0.2mS/m，存放一段时间后，由于空气中的二氧化碳或氨的溶入，电导率可上升至 0.2~0.4mS/m。饮用水电导率随温度变化而变化，温度每升高 1℃，电导率增加约 2%，通常规定 25℃ 为测定电导率的标准温度。

由于电导是电阻的倒数，因此，当两个电极（通常为铂电极或铂黑电极）插入溶液中，可以测出两电极间的电阻 R。根据欧姆定律，温度一定时，这个电阻值与电极的间距 L（cm）成正比，与电极的截面积 A（cm^2）成反比，即：

$$R=p\ L/A$$

由于电极面积 A 与间距 L 都是固定不变的，故 L/A 是一个常数，称为电导池常数（以 Q 表示）。比例常数 p 称作电阻率，其倒数 1/p 为电导率，以 K 表示，电导度表达式为：

$$S=1/R=1/pQ$$

式中：S——电导度，反映导电能力的强弱，所以，K=QS 或 K=Q/R。

当已知电导度常数，并测出电阻后，即可求出电导率。

3. 实验步骤

阅读各种型号的电导率仪使用说明书。

三、水中氯离子的测定

1. 实验目的

掌握用硝酸银滴定法测定水中氯化物的原理和方法。

2. 实验原理

在中性或弱碱性溶液中，以铬酸钾为指示剂，用硝酸银滴定氯化物。由于氯化银的溶解度小于铬酸银的溶解度，当水样中的氯离子被完全沉淀后，铬酸根才以铬酸银形式沉淀，产生微砖红色沉淀，指示氯离子滴定终点。反应式如下：

$$Ag^+ + Cl^- \longrightarrow AgCl\downarrow（白色沉淀）$$

$$2Ag^+ + CrO_4^{2-} \longrightarrow Ag_2CrO_4\downarrow（微砖红色沉淀）$$

沉淀形成的迟早与铬酸银离子的浓度有关，必须加入足量的指示剂。由于稍过量的硝酸银与铬酸钾形成铬酸银的终点较难判断，所以需要以蒸馏水作为空白滴定，做对照判断。本法适用于天然水中氯化物的测定，也适用于经过适当稀释的高矿化废水（咸水、海水等）及经过各种预处理的生活污水和工业废水。

3. 实验仪器

（1）棕色酸式滴定管；

（2）锥形瓶。

4. 实验试剂

（1）硝酸银标准液 [C(AgNO$_3$)=0.025mol/L] 称取 8.5gAgNO$_3$ 溶于适量水中，移入 10000ml 容量瓶，用水稀释至标线，混匀贮于棕色瓶中，用氯化钠基准溶液标定。

（2）氯化钠基准溶液 [C(NaCl)=0.050mol/L] 将基准物氯化钠（NaCl）置于瓷蒸发皿内，高温炉中在 500~600℃下灼烧 40~50min；或在电炉上炒至无爆裂声，放入干燥器冷却至室温，再准确称取 2.9221g 溶于适量水中，仔细地全部移入 1000mL 容量瓶。用水稀释至标线，混匀。

（3）标定：

吸取 0.050mol/L 氯化钠基准溶液 25.00mL，置于 150mL 锥形瓶中，加入 25mL 水和 10% 铬酸钾指示剂 10 滴，不断振荡同时用硝酸银标准溶液滴定，至溶液由黄色突变为微砖红色。记录滴定的氧化钠基准溶液体积。硝酸银标准溶液浓度按下式计算：

$$C(AgNO_3) = [C(NaCl)\cdot V_1]/V$$

式中：

C(AgNO$_3$)——硝酸银标准溶液浓度，mol/L；

C(NaCl)——氯化钠基准溶液浓度，mol/L；

V$_1$——滴定消耗的氯化钠基准溶液体积，mL；

V——吸取的硝酸银标准溶液体积，mL。

（4）配置 10% 铬酸钾溶液

称取 10g 铬酸钾溶于 100ml 蒸馏水中。

5. 实验步骤

用移液管吸取 50mL 水样放入 250mL 锥形瓶中，加入 10 滴 K_2CrO_4 指示剂，用 $AgNO_3$ 标准溶液滴定至微砖红色，记录消耗的 $AgNO_3$ 标准溶液体积 V_2。

取 50mL 蒸馏水，以同样的方法做空白滴定，记录消耗的 $AgNO_3$ 标准溶液体积 V_1。

6. 数据处理

（1）$AgNO_2$ 标准溶液的浓度（mol/L）；

（2）吸取水样的体积 $V_水$（mL）；

（3）蒸馏水滴定过程消耗的硝酸银标准溶液体积 V_1（mL）。

四、物理性质的检验

水的物理性质主要包括水温、色度、残渣、浊度、电导率等。

1. 水温的测定

水温是主要的水质物理指标，水的物理、化学性质与水温密切相关。如对密度、黏度、蒸气压、水中溶解性气体（如氧、二氧化碳等）的溶解度等有直接的影响。同时，水温对水的 pH 值、盐度等化学性质，以及水中生物和微生物活动、化学和生物化学反应速度也存在着明显影响。

水温对水中气体溶解度的影响，以氧为例，随着水温的升高，氧在水中的溶解度逐渐降低。在 1atm（$1.01 \times 105Pa$）的大气压下，氧在淡水中的溶解度 10℃时为 11.33mg/L，20℃时为 9.17mg/L，30℃时为 7.63mg/L。

水温对水中进行的化学和生物化学反应速度有显著的影响。一般情况下，化学和生化反应的速度随温度的升高而加快。通常温度每升高 10℃，反应速率约增加一倍。

水温影响水中生物和微生物的活动。温度的变化能引起水中生物品种的变化，水温偏高时可加速一些藻类和污水细菌的繁殖，影响水体的景观。

水的温度因水源不同而有很大差异，通常地下水温度比较稳定，一般为 8℃～12℃；地表水的温度随季节和气候而变化，大致变化范围为 0℃～30℃；生活污水水温通常为 10℃～15℃。工业废水的水温因工业类型、生产工艺的不同而差别较大。

水温为现场观测项目之一。若水层较浅，可只测表层水温，深水（如大的江河、湖泊及海水等）应分层次测温。

常用的测量方法有水温度计法、深水温度计法、颠倒温度计法和热敏电阻温度计法。

（1）水温度计法

水温计是安装于金属半圆槽壳内的水银温度表，下端连接一金属贮水杯，温度表水银球部悬于杯中，其顶端的一壳带圆环，挂以一定长度的绳子。水温计通常测量范围

为 –6℃ ～+41℃，分度值为 0.2℃。

测量时将水温计沉入水中至待测深度，放置 5min 后，迅速提出水面并立即读数。从水温计离开水面至读数完毕应不超过 20s，读数完毕后，将贮水杯内水倒净。必要时，重新测定。

水温度计法适用于测量水的表层温度。

（2）深水温度计法

深水温度计其结构与水温计相似。贮水杯较大，并有上、下活门，利用其放入水中和提升时的自动开启和关闭，使杯内装满所测温度的水样。深水温度计的测量范围为 –2℃ ～+40℃，分度值为 0.2℃。

测量时，将深水温度计投入水中，与水温度计法相同的测定步骤进行测定。深水温度计法适用于水深 40m 以内的水温测量。

（3）颠倒温度计法

颠倒温度计由主温表和辅温表组装在厚壁玻璃套管内构成，主温表是双端式水银温度计，其测量范围 –2℃ ～+35℃，分度值为 0.1℃；辅温表是普通的水银温度计，测量范围一般为 –20℃ ～+50℃，分度值为 0.5℃。前者用于测量水温；后者与前者配合使用，用于校正因环境温度改变而引起的主温表读数的变化。

测量时，随采水器沉入一定深度的水层，放置 7min 后，提出水面后立即读数，并根据主、辅温度表的读数，用海洋常数表进行校正。

颠倒温度计法适用于测量水深 40m 以内的各层水温。

以上各种水温计应定期由计量检定部门进行校核。

（4）热敏电阻温度计法

测量水温时，启动仪器，按使用说明书进行操作。将仪器探头放入预定深度的水中，放置感温 1min 后，读取水温数。读完后取出探头，用棉花擦干备用。

热敏电阻温度计法适用于表层和深层水温的测定。

2. 色度的测定

纯水为无色透明，清洁水在水层浅时应为无色，深层为浅蓝绿色。天然水中存在的腐殖质、泥土、浮游生物、铁和锰等金属离子，均可使水体着色。生活污水和工业废水如纺织、印染、造纸、食品、有机合成工业废水中，常含有大量的染料、生物色素和有色悬浮颗粒等，这些有色废水常给人以不愉快感，排入环境使水体着色，减弱水体透光性，影响水中生物的生长。水的颜色与水的种类有关。

颜色是反映水体的外观指标，水的颜色分为"真色"和"表色"。真色是指去除悬浮物后水的颜色；表色是指没有去除悬浮物的水所具有的颜色。对于清洁水和浊度很低的水，真色和表色相接近；对于着色很深的工业废水，两者差别较大。

测定真色时，要先将水样静置澄清或离心分离取上层清液，也可用孔径为 0.45μm 的滤膜过滤去除悬浮物，但不可以用滤纸过滤，因滤纸能吸收部分颜色。有些水样含有颗粒太细的有机物或无机物质，不能用离心分离，只能测定表色，这时需在结果报告上注明。

色度是衡量颜色深浅的指标，水的色度一般指水的真色，常用的测定方法有铂钴标准比色法和稀释倍数法。

（1）铂钴标准比色法

铂钴标准比色法是利用氯铂酸钾（K_2PtCl_6）和氯化钴（$CoCl_2 \cdot 6H_2O$）配成标准色列，与水样进行目视比色。

每升水中含有 1mg 铂和 0.5mg 钴时所具有的颜色，称为 1 度，作为标准色度单位。该法所配成的标准色列，性质稳定，可较长时间存放。由于氯铂酸钾价格较高，可以用铬钴比色法代替。即将一定量重铬酸钾和硫酸钴溶于水中制成标准色列，进行目视比色确定水样色度。该法所制成标准色列保存时间比较短。

铂钴标准比色法适用于较清洁的、带有黄色色调的天然水和饮用水的测定。

（2）稀释倍数法

稀释倍数法是将水样用蒸馏水稀释至接近无色时的稀释倍数表示颜色的深浅。测定时，首先用文字描述水样颜色的性质，如微绿、绿、微黄、浅黄、棕黄、红等文字。将水样在比色管中稀释不同倍数，与蒸馏水相比较，直到刚好看不出颜色，记录此时的稀释倍数。稀释倍数法适用于受工业废水污染的地面水、工业废水和生活污水。

（3）分光光度法

采用分光光度法求出水样的三激励值：水样的色调（红、绿、黄等），以主波长表示；亮度，以明度表示；饱和度（柔和、浅淡等），以纯度表示。用主波长、色调、明度和纯度四个参数来表示该水样的颜色。

分光光度法适用于各种水样颜色的测定。

3.残渣的测定

水中固体物质根据其溶解性不同可分为溶解性固体物质和不溶解性固体物质。前者如可溶性无机盐和有机物等；后者如悬浮物等。残渣是用来表征水中固体物质的重要指标之一。残渣的测定，有着重要的环境意义。若环境水体中的悬浮物含量过高，不仅影响景观，还会造成淤积；同时，是水体受到污染的一个标志。溶解性固体含量过高同样不利于水的功能的发挥。如溶解性矿物质过高，既不适于饮用，也不适于灌溉，有些工业用水（如纺织、印染等）也不能使用含盐量高的水。

残渣分为总残渣、总可滤残渣和总不可滤残渣三种，是反映水中溶解性物质和不溶解性物质含量的指标。

（1）总残渣

总残渣是水或废水在一定温度下蒸发、烘干后剩留在器皿中的物质，包括总不可滤残渣和总可滤残渣。测定时取适量（如 50mL）振荡均匀的水样（使残渣量大于 25mg），置于称至恒重的蒸发皿中，在蒸气浴或水浴上蒸干，移入 103℃～105℃烘箱内烘至恒重（两次称重相差不超过 0.0005g）。蒸发皿所增加的质量即为总残渣，计算如下：

$$总残渣（mg/L）=V(A-B)\times 1000\times 1000$$

式中：

A——总残渣和蒸发皿质量，g；

B——蒸发皿的质量，g；

V——取水样体积，mL。

（2）总可滤残渣

总可滤残渣指将过滤后的水样放在称至恒重的蒸发皿内蒸干，再在一定温度下烘至恒重，蒸发皿所增加的质量。测定时将用 $0.45\mu m$ 滤膜或中速定量滤纸过滤后的水样放在称至恒重的蒸发皿中，在蒸气浴或水浴上蒸干，移入 103℃～105℃烘箱内烘至恒重（两次称重相差不超过 0.005g）。蒸发皿所增加的质量即为总可滤残渣，一般测定温度为 103℃～105℃，有时要求测定（180±2）℃烘干的总可滤残渣。在（180±2）℃烘干所得的结果与化学分析结果所计算的总矿物质含量较接近，计算如下：

$$总可滤残渣（mg/L）=V(A-B)\times 1000\times 1000$$

式中：

A——总可滤残渣和蒸发皿质量，g；

B——蒸发皿的质量，g；

V——取水样体积，mL。

（3）总不可滤残渣

总不可滤残渣即悬浮物（SS）指水样经过滤后留在过滤器上的固体物质，于 103℃～105℃烘干至恒重得到的物质质量。它是决定工业废水和生活污水能否直接排放或需处理到何种程度才能排入水体的重要指标之一，主要包括不溶于水的泥沙、各种污染物、微生物及难溶无机物等。常用的滤器有滤纸、滤膜和石棉坩埚。由于滤孔大小对测定结果有很大影响，报告结果时，应注明测定方法。石棉坩埚法常用于测定含酸或碱浓度较高的水样的悬浮物。总不可滤残渣计算如下：

$$总不可滤残渣（mg/L）=V(A-B)\times 1000\times 1000$$

式中：

A——总不可滤残渣和滤器质量，g；

B——滤器的质量，g；

V——取水样体积，mL。

4.浊度的测定

浊度是指水中悬浮物对光线透过时所发生的阻碍程度。由于水中含有泥土、粉沙、有机物、无机物、浮游生物和其他微生物等悬浮物质和胶体物质，对进入水中的光产生散射或吸附，从而表现出浑浊现象。

色度是由水中的溶解物质引起的，而浊度则是由不溶解物质引起的。浊度是水的感官指标之一，也是水体可能受到污染的标志之一，水体浊度高会影响水中生物的生存。

一般情况下，浊度的测定主要用于天然水、饮用水和部分工业用水。在污水处理中经常通过测定浊度选择最经济有效的混凝剂，并达到随时调整所投加化学药剂的量，获得好的出水水质的目的。

测定浊度的方法主要有目视比浊法、分光光度法和浊度计法。

（1）目视比浊法

将水样与用硅藻土（或白陶土）配制的标准浊度溶液进行比较，以确定水样的浊度。规定用 1L 蒸馏水中含有 1mg 一定粒度的硅藻土所产生的浊度称为 1 度。

测定时用硅藻土（或白陶土）经过处理后，配成浊度标准原液。将浊度标准原液逐级稀释为一系列浊度标准液，取待测水样进行目视比浊，与水样产生视觉效果相近的标准溶液的浊度即为水样的浊度。该法测得的水样浊度单位 JTU。

目视比浊法适用于饮用水和水源水等低浊度水，最低检测浊度为 1 度。

（2）分光光度法

在适当温度下，一定量的硫酸肼 $[(NH_4^+)_2SO_4 \cdot H_2SO_4]$ 与六次甲基四胺 $[(CH_2)_6N_4]$ 聚合，生成白色高分子聚合物，以此做参比浊度标准液，在一定条件下与水样浊度比较。规定 1L 溶液中含有 0.1mg 硫酸肼和 1mg 六次甲基四胺为 1 度。

测定时将用硫酸肼和六次甲基四胺配成的浊度标准储备液逐级稀释成系列浊度标准液，在波长 680nm 处测定吸光度，绘制吸光度 – 浊度标准曲线，再测定水样的吸光度，在曲线上查得水样的浊度。水样若经过稀释，需乘上稀释倍数方为原水样的浊度，即：

$$度 = A(V+V_0)/V$$

式中：

A——经稀释水样的浊度，度；

V——水样体积，mL；

V_0——无浊度水的体积，mL。

分光光度法适用于测定天然水、饮用水和高浊度水，最低检测浊度 3 度，所测得浊度单位为 NTU。

（3）浊度计法

浊度计是应用光的散射原理制成的。在一定条件下，将水样的散射光强度与相同条件下的标准参比悬浮液（硫酸肼与六次甲基四胺聚合，生成的白色高分子聚合物）的散射光强度相比较，即得水样的浊度。浊度仪要定期用标准浊度溶液进行校正，用浊度仪法测得的浊度单位为 NTU。

目前普遍使用的测量浊度的仪器为散射浊度仪，它可以实现水的浊度的在线监测。

5. 电导率的测定

电导率用来表示水溶液传导电流的能力，以数字表示。电导率的大小取决于溶液中所含离子的种类、总浓度以及溶液的温度、黏度等因素。

不同类型的水有不同电导率。常用电导率间接推测水中离子成分的总浓度（因水溶液中绝大部分无机化合物都有良好的导电性，而有机化合物分子难以离解，基本不具备导电性）。

新鲜蒸馏水的电导率为 0.5~2μS/cm，但放置一段时间后，因吸收了二氧化碳，增加到 2~4μS/cm；超纯水的电导率低于 0.1μS/cm；天然水的电导率多在 50~500μS/cm 之间；矿化水可达 500~1000μS/cm；含酸、碱、盐的工业废水的电导率往往超过 10000μS/cm；海水的电导率约为 30000μS/cm。

电导率随温度的变化而变化，温度每升高 1℃，电导率增加约 2%，通常规定 25℃ 为测定电导率的标准温度。如温度不是 25℃，必须进行温度校正。经验公式为：

$$K_t=K_s[1+\alpha(t-25)]$$

式中：

K_t——25℃时电导率；

K_s——温度 1 时的电导率；

α——各种离子电导率的平均温度系数，定为 0.022。

电导的计算式为：

$$G=k/C$$

式中：

k——电导率，是电阻率的倒数；

C——电导池常数。

一般采用电导率仪来测定水的电导率，它的基本原理是：已知标准 KCl 溶液的电导率，用电导率仪测某一浓度 KCl 溶液的电导值，根据电导的计算公式求得电导池常数 C。用电导率仪测待测水样的电导，即可求得水样的电导率。

五、非金属无机化合物的测定

水体中的非金属无机化合物很多，主要的水质监测项目有 pH 值、溶解氧、硫化物、含氮化合物、氰化物、氟化物等。

1.pH 值的测定

pH 值是最常用和最重要的水质监测指标之一，用来表示水酸碱性的强弱。天然水的 pH 值多在 6~9 之间；饮用水的 pH 值一般需控制在 6.5~8.5 之间；工业水的 pH 值一般限制较严格，如锅炉用水的 pH 值必须在 7.0~8.5 之间，以防金属管道被腐蚀；水的物化、生化处理过程中，pH 值是重要的控制参数。另外，pH 值对水中有毒物质的毒性有着很大影响，必须加以控制。

pH 值与酸碱度既有联系，又有区别。pH 值表示水的酸碱性的强弱，而酸度或碱度是水中所含酸或碱物质的含量。同样酸度的溶液，如盐酸和醋酸，摩尔浓度相同，则二者酸度一样，但 pH 值却大不相同，因两者的电离程度不同。

测定水的 pH 值的方法有玻璃电极法和比色法。

（1）玻璃电极法

玻璃电极法测定 pH 值是以 pH 玻璃电极为指示电极，饱和甘汞电极为参比电极，与被测水样组成原电池。用已用标准溶液校准的 pH 计测定水样，从 pH 计显示器上直接读出水样的 pH 值。

玻璃电极法是测 pH 值最常用的方法，该法测定准确、快速，基本不受水体色度、浊度、胶体物质、氧化剂和还原剂以及高含盐量的影响。

（2）比色法

比色法是利用各种酸碱指示剂，在不同 pH 值的水溶液中产生不同的颜色来测定 pH 值。在一系列已知 pH 值的标准缓冲溶液中加入适当的指示剂制成标准色列，在待测水样中加入与标准色列同样的指示剂，进行目视比色，从而确定水样的 pH 值。

该法适用于测定浊度和色度都很低的天然水和饮用水的 pH 值，不适于测定有色、浑浊或含有较高游离氯、氧化剂和还原剂的水样。如果粗略地测定水样 pH 值，可使用 pH 试纸。

2. 溶解氧（DO）的测定

溶解在水中的分子态氧称为溶解氧。水中溶解氧的含量与大气压力、水温及含盐量等因素有关，大气压力降低、水温升高、含盐量增加都会导致水中溶解氧含量降低，清洁地表水中溶解氧一般接近饱和。污染水体的有机、无机还原性物质在氧化过程中会消耗溶解氧，若大气中的氧来不及补充，水中的溶解氧就会逐渐降低，以至接近于零，此时厌氧菌繁殖，导致水质恶化。废水中因含有大量污染物质，一般溶解氧含量较低。

水中的溶解氧虽然不是污染物质，但通过溶解氧的测定，可以大体估计水中的有机物为主的还原性物质的含量，是衡量水质优劣的重要指标。

测定溶解氧的方法主要有碘量法及其修正法、膜电极法和电导测定法。

（1）碘量法及其修正法

1）碘量法测溶解氧的原理水样中加入硫酸锰和碱性碘化钾，水中溶解氧将二价锰氧化成四价锰，并生成棕色氢氧化物沉淀。加酸后，氢氧化物沉淀溶解并与碘离子反应而释放出与溶解氧量相当的游离碘。以淀粉为指示剂，用硫代硫酸钠标准溶液滴定释出碘，可计算出溶解氧含量。即：

$$DO(O_2 \cdot mg/L) = CV(8 \times 1000)/V_水$$

式中：

C——硫代硫酸钠标准溶液浓度，mol/L；

V——滴定消耗硫代硫酸钠标准溶液体积，mL；

$V_水$——水样的体积，mL；

8——氧换算值，g。

碘量法适用于水源水、地面水等清洁水中溶解氧的测定。

2）修正的碘量法

普通碘量法测定溶解氧时会受到水样中一些还原剂物质的干扰，必须对碘量法进行修正。修正的碘量法适用于受污染的地面水和工业废水中溶解氧测定。

①当水样中含有亚硝酸盐时（亚硝酸盐能与碘化钾作用放出单质碘，引起测定结果的正误差），可加入叠氮化钠排除其干扰，该法称为叠氮化钠修正碘量法。加入叠氮化钠先将亚硝酸盐分解，再用碘量法测定 DO。

②当水样中含有大量亚铁离子时（会对测定结果产生负干扰），用高锰酸钾氧化亚铁离子，生成的高价铁离子用氟化钾掩蔽，从而去除。过量的高锰酸钾用草酸盐去除，该法称为高锰酸钾修正法。在酸性条件下，用高锰酸钾将水样中存在的亚硝酸盐、亚铁离子和有机污染物等干扰物质氧化去除，过量的高锰酸钾用草酸钾除去，用氟化钾掩蔽高价铁离子，再用碘量法测定 DO。

③如水样有色或含有藻类及悬浮物等，在酸性条件下会消耗碘而干扰测定，可采用明矾修正法消除。如水样中含有活性污泥等悬浮物，可用硫酸铜－氨基磺酸絮凝修正法排除其干扰。

（2）膜电极法

尽管修正的碘量法在一定程度上排除或降低了 DO 测定时的干扰，但由于水中污染物的多样性及复杂性，在应用于生活污水和工业废水中 DO 的测定时，该方法还是受到很多限制。用碘量法测 DO 时很难实现现场测定、在线监测。而膜电极法具有操作简便、快速和干扰少（不受水样色度、浊度及化学滴定法中干扰物质的影响）等优点，并可实现现场监测和在线监测，应用广泛。

膜电极法根据分子氧透过薄膜的扩散速率来测定水中溶解氧，膜电极的薄膜只能透过气体，透过膜的氧气在电极上还原，产生的还原电流与氧的浓度成正比，通过测定还原电流就可以得到水样中溶解氧的浓度。

（3）电导测定法

用非导电的金属铊或其他化合物与水中溶解氧反应生成能导电的铊离子，通过测定水样电导率的增量，求得溶解氧的浓度。实验表明，每增加 $0.035 \mu S/cm$ 的电导率相当于 1mg/L 的溶解氧。此法是测定溶解氧最灵敏的方法之一，可连续监测。

3. 硫化物的测定

地下水，特别是温泉水中常含有硫化物，通常地表水中硫化物含量不高，受到污染时，水中的硫化物主要来自在厌氧条件下硫酸盐和含硫有机物的微生物还原和分解，生成硫化氢，产生臭味并使水呈黑色。生活污水中有机硫化物含量较高，某些工业废水，如石油炼制、人造纤维、制革、印染、焦化、造纸等中也会含有硫化物。

硫化氢为强烈的神经毒物，对黏膜有明显刺激作用。在水中达到一定浓度（200mg/L）会导致水生生物死亡，当空气中含有 0.2% 硫化氢气体时，几分钟内就会致人死亡。硫化氢还会腐蚀金属，如被氧化为硫酸，会进而腐蚀混凝土下水道。

当环境中检出硫化物时，往往说明水质已受到严重污染。因此，硫化物是水体污染的一项重要指标。

测定硫化物的方法有对氨基二甲基苯胺分光光度法、碘量法、电位滴定法、离子色谱法、恒电流库仑法、比浊法等。这里主要介绍对氨基二甲基苯胺分光光度法、碘量法和电位滴定法。

（1）水样的预处理

1）乙酸锌沉淀－过滤法

当水样中只含有少量硫代硫酸盐、亚硫酸盐等干扰物质时，可将现场采集并已固定的水样，用中速定量滤纸或玻璃纤维滤膜进行过滤，然后按含量的高低选择适当方法，直接测定沉淀中的硫化物。

2）酸化－吹气法

若水样中存在悬浮物或浑浊度高、色度深时，可将现场采集固定后的水样加入一定量的磷酸，使水样中的硫化锌转变为硫化氢气体，利用载气将硫化氢吹出，用乙酸锌溶液或2%氢氧化钠溶液吸收，再行测定。

3）过滤－酸化－吹气分离法

若水样污染严重，不仅含有不溶性物质及影响测定的还原性物质，并且浊度和色度都高时，宜用此法。即将现场采集且固定的水样，用中速定量滤纸或玻璃纤维滤膜过滤后，按酸化吹气法进行预处理。

预处理操作是测定硫化物的一个关键性步骤，应注意既消除干扰物的影响，又不致造成硫化物的损失。即硫化物测定中样品预处理的目的是消除干扰和提高检测能力。

（2）对氨基二甲基苯胺分光光度法

对氨基二甲基苯胺分光光度法测定硫离子原理在含高铁离子的酸性溶液中，硫离子与对氨基二甲基苯胺反应，生成蓝色亚甲蓝染料。颜色深度与水样中硫离子浓度成正比，于665nm处测其吸光度，用标准曲线法定量，得水样中硫化物的含量。

该法硫离子最低检出浓度为0.02mg/L，测定上限为0.8mg/L，当采用酸化－吹气预处理法时，可进一步降低检出浓度。酌情减少取样量，测定浓度可高达4mg/L。当水样中硫化物的含量小于1mg/L时，采用对氨基二甲基苯胺分光光度法。此法适用于地表水和工业废水中硫化物的测定。

（3）碘量法

碘量法测定硫离子原理水样中的硫化物与乙酸锌生成白色硫化锌沉淀，将其用酸溶解后，加入过量碘溶液，则碘与硫化物反应析出硫，用硫代硫酸钠标准溶液滴定剩余的碘，根据硫代硫酸钠标准溶液消耗量，间接计算得出硫化物的含量。

碘量法适用于硫化物含量大于1mg/L的水和废水的测定，该法硫离子最低检出浓度为0.02mg/L，测定上限为0.8mg/L。

（4）电位滴定法

电位滴定法测定硫离子原理用硝酸铅标准溶液滴定硫离子，生成硫化铅沉淀。以硫离子选择电极作为指示电极，双盐桥饱和甘汞电极作为参比电极，与被测水样组成原电池。用晶体管毫伏计或酸度计测量原电池电动势的变化，根据滴定终点电位突跃，求出硝酸铅标准溶液用量，即可计算出水样中硫离子的含量。

该方法不受色度、浊度的影响。但硫离子易被氧化，常加入抗氧化缓冲溶液（SAOB）予以保护，SAOB 溶液中含有水杨酸和抗坏血酸。水杨酸能与 Fe^{3+}、Fe^{2+}、Cu^{2+}、Cd^{2+}、Zn^{2+}、Cr^{3+} 等多种金属离子生成稳定的络合物；抗坏血酸能还原 Ag^+、Hg^{2+} 等，消除它们的干扰。

4. 含氮化合物的测定

含氮化合物包括无机氮和有机氮。随生活污水和工业废水中大量含氮化合物进入水体，氮的自然平衡遭到破坏，使水质恶化，是产生水体富营养化的主要原因。有机氮在微生物作用下，逐渐分解变成无机氮，以氨氮、亚硝酸盐氮、硝酸盐氮形式存在，因此，测定水样中各种形态的含氮化合物，有助于评价水体被污染和自净情况。

（1）氨氮

氨氮（NH_3-N）以游离氨（NH_3）或铵盐（NH_4^+）形式存在于水中，两者的组成比取决于水的 pH 值。当 pH 值偏高时，游离氨的比例较高；当 pH 值偏低时，铵盐的比例较高。水中氨氮的来源主要为生活污水中含氮有机物受微生物作用的分解产物，某些工业废水，如焦化废水和合成氨化肥厂废水等以及农田排水。

氨氮的测定方法有纳氏试剂分光光度法、滴定法、水杨酸－次氯酸盐分光光度法和电极法等。

1）水样的预处理

水样带色或浑浊以及含其他一些干扰物质，会影响氨氮的测定，为消除干扰需对水样做适当预处理。

对较清洁的水，可采用絮凝沉淀法，对污染严重的水或工业废水，采用蒸馏法。

①絮凝沉淀法

先在水样中加适量硫酸锌溶液，再加入氢氧化钠溶液，生成氢氧化锌沉淀，经过滤即可除去颜色和浑浊等；也可在水样中加入氢氧化铝悬浮液，过滤除去颜色和浑浊。

②蒸馏法

调节水样的 pH=6.0~7.4，加入适量氧化镁使呈弱碱性（或加入 pH=9.5 的 $Na_4B_4O_7$~NaOH 缓冲溶液使呈弱碱性）蒸馏，释出的氨被吸收于硫酸或硼酸溶液中。纳氏法和滴定法用硼酸为吸收液，水杨酸－次氯酸盐法用硫酸为吸收液。

2）纳氏试剂分光光度法

纳氏试剂分光光度法测氨氮的原理在水样中加入碘化钾和碘化汞的强碱性溶液（纳氏试剂），与氨反应生成黄棕色胶态化合物，此颜色在较宽的波长范围内具有强烈吸收。通常于 410～425nm 波长处测吸光度，标准曲线法定量，求出水样中氨氮含量。

纳氏试剂分光光度法测氨氮的最低检出浓度为 0.025mg/L，测定上限为 2mg/L。采用目视比色法，最低检出浓度为 0.02mg/L。水样需做适当的预处理，可适用于地表水、地下水、工业废水和生活污水中氨氮的测定。

3）滴定法

滴定法原理取一定体积的水样，调节 pH=6.0～7.4 范围，加入氧化镁使呈弱碱性。加热蒸馏，释出的氨被吸收入硼酸溶液中，以甲基红 – 亚甲蓝为指示剂，用酸标准溶液滴定馏出液中的铵（溶液从绿色到紫色为滴定的终点），得出水样中氨氮的含量。

滴定法适合于测定铵离子浓度超过 5mg/L 或严重污染的水体，或水样中伴随有影响使用比色法测定的有色物质。使用滴定法测定氨氮的水样，必须已进行蒸馏预处理。

4）水杨酸 – 次氯酸盐分光光度法

水杨酸 – 次氯酸盐分光光度法测氨氮的原理在硝普钠作为催化剂存在条件下，铵与水杨酸盐和次氯酸离子在碱性条件下反应生成蓝色化合物，其颜色的深浅与氨氮浓度成正比，在波长 697nm 最大吸收处测吸光度，用标准曲线法定量，得水样中氨氮的含量。

水杨酸 – 次氯酸盐分光光度法测氨氮的最低检出浓度为 0.01mg/L，测定上限为 1mg/L。适用于饮用水、生活污水和大部分工业废水中氨氮的测定。

5）电极法

氨气敏电极是一复合电极，以 pH 玻璃电极为指示电极，银 – 氯化银电极为参比电极。此电极对置于盛有 0.1mol/L 氯化铵内充液的塑料套管中，管端部紧贴指示电极敏感膜处装有疏水半渗透膜，使内电解液与外部试液隔开，半透膜与 pH 玻璃电极间有一层很薄的液膜。当水样中加入强碱溶液，将 pH 提高到 11 以上时，铵盐转化为氨，生成的氨由于扩散作用而通过半透膜（水和其他离子则不能通过），使氯化铵电解质液膜层内的反应向左移动，引起氢离子浓度改变，由 pH 玻璃电极测得其变化。在恒定的离子强度下，测得的电动势与水样中氨氮浓度的对数呈一定的线性关系，由测得的电位值确定样品中氨氮的含量。

电极法测定氨氮的最低检出浓度为 0.03mg/L，测定上限为 1400mg/L。适用于饮用水、地表水、生活污水和工业废水中氨氮含量的测定。

（2）亚硝酸盐氨

亚硝酸盐是含氮化合物分解过程中的中间产物，不稳定。根据水环境条件，可被氧化成硝酸盐，也可被还原成氨。亚硝酸盐可使人体正常的血红蛋白氧化成高铁血红蛋白，发生高铁血红蛋白症，失去血红蛋白在体内输送氧的能力，出现组织缺氧的症状。

亚硝酸盐可与仲胺类反应生成具致癌性的亚硝胺类物质，在 pH 值较低的酸性条件下，有利于亚硝胺类的形成。

水中亚硝酸盐的测定方法通常采用重氮 – 偶联反应，使生成红紫色染料。方法灵敏、选择性强。所用重氮和偶联试剂种类较多，是最常用的，前者为对氨基苯磺酰胺和对氨基苯磺酸；后者为 N-(1- 萘基)- 乙二胺和 α- 萘胺。

亚硝酸盐氮的测定方法有 N-(1- 萘基)- 乙二胺分光光度法和离子色谱法。

1）N-(1- 萘基)- 乙二胺分光光度法

N-(1- 萘基)- 乙二胺分光光度法亚硝酸盐氮的原理在磷酸介质中，当 pH=1.8 ± 0.3 时，亚硝酸盐与对氨基苯磺酰胺反应，生成重氮盐，再与 N-(1- 萘基)- 乙二胺偶联生成红色染料，于 540nm 波长处测定吸光度，标准曲线定量，求出水样中亚硝酸盐氮的含量。

N-(1- 萘基)- 乙二胺分光光度法测亚硝酸盐氮的最低检出浓度为 0.003mg/L，测定上限为 0.20mg/L。适用于饮用水、地表水、地下水、生活污水和工业废水中亚硝酸盐氮含量的测定。

2）离子色谱法

离子色谱法测定亚硝酸盐氮的原理利用离子交换的原理，连续对多种阴离子进行定性和定量分析。水样注入碳酸盐 – 碳酸氢盐溶液并流经一系列的离子交换树脂，基于待测阴离子对低容量强碱性阴离子树脂的相对亲和力不同而分开。被分离的阴离子，在流经强酸性阳离子树脂时，被转换为高电导的酸型，碳酸盐 – 碳酸氢盐则转变为弱电导的碳酸。用电导检测器测量被转变为相应酸型的阴离子，与标准比较，根据保留时间定性，峰高或峰面积定量。

离子色谱法测定亚硝酸盐氮的测定下限为 0.1mg/L。当进样量为 100mL，用 10ms 满刻度电导检测器时 F^- 为 0.02mg/L；Cl^- 0.04mg/L；NO_2^- 为 0.05mg/L；Br^- 为 0.15mg/L；PO_3^{-4} 为 0.20mg/L；SO_2^{-4} 为 0.10mg/L，此法可以连续测定饮用水、地表水、地下水、雨水中的 F^-、Cl^-、NO^{-2}、Br^-、PO_3^{-4}、SO_2^{-4}。

（3）硝酸盐氮

水中的硝酸盐是在有氧环境下，各种形态的含氮化合物中最稳定的氮化合物，也是含氮有机物经无机化作用最终阶段的分解产物。亚硝酸盐可经氧化而生成硝酸盐，硝酸盐在无氧环境中，也可受微生物的作用而还原为亚硝酸盐。人摄取硝酸盐后，经肠道中微生物作用转变为亚硝酸盐而出现毒性作用。硝酸盐氮的主要来源为制革、酸洗废水、某些生化处理设施的出水和农田排水。

硝酸盐氮的测定方法有酚二磺酸分光光度法、镉柱还原法、戴氏合金还原法、紫外分光光度法、离子选择电极法和离子色谱法。

1）酚二磺酸分光光度法

酚二磺酸分光光度法测硝酸盐氮的原理。硝酸盐在无水情况下与酚二磺酸反应，生成硝基二磺酸酚，在碱性溶液中生成黄色硝基酚二磺酸三钾盐化合物，于 410nm 波长处测定吸光度，标准曲线法定量，求出水样中硝酸盐氮含量。

酚二磺酸分光光度法测硝酸盐氮的最低检出浓度为 0.02mg/L，测定上限为 2.0mg/L。适用于测定饮用水、地下水和清洁地表水。

2）镉柱还原法

镉柱还原法测定硝酸盐氮的原理在一定条件下，水样通过镉还原柱（铜－镉、汞－镉、海绵状镉），使硝酸盐还原为亚硝酸盐，然后以重氮－偶联反应，标准曲线定量，求出水样中亚硝酸盐氮的含量。硝酸盐氮含量即测得的总亚硝酸盐氮减去水样中所含未还原亚硝酸盐量。

镉柱还原法测定硝酸盐氮的测定范围为 0.01~0.4mg/L，适用于硝酸盐含量较低的饮用水、清洁地面水和地下水。

3）戴氏合金还原法

戴氏合金还原法测定硝酸盐氮的原理在碱性介质中，硝酸盐可被戴氏合金在加热情况下定量还原为氨，经蒸馏出后被硼酸溶液吸收，用纳氏分光光度法或酸滴定法测定。

戴氏合金还原法测定硝酸盐氮适用于硝酸盐氮含量大于 2mg/L 的水样，可以测定带深色的严重污染的水及含大量有机物或无机盐的废水中亚硝酸氮含量。

4）紫外分光光度法

紫外分光光度法测定硝酸盐氮的原理利用硝酸根离子在 220nm 波长处的吸收而定量测定硝酸盐氮。溶解的有机物在 220nm 处也会有吸收，而硝酸根离子在 275nm 处没有吸收。因此，在 275nm 处另做一次测量，以校正硝酸盐氮值。

紫外分光光度法测定硝酸盐氮的最低检出浓度为 0.08mg/L，测定上限为 4mg/L。适用于测定清洁地面水和未受明显污染的地下水中的硝酸盐氮。

5. 氰化物的测定

氰化物属于剧毒物，可分为简单氰化物、络合氰化物和有机腈。其中，简单氰化物易溶于水，毒性大；络合氰化物在水体中受 pH 值、水温和光照等影响，离解为毒性强的简单氰化物。氰化物对人体的毒性主要是引起组织缺氧窒息。地表水一般不含氰化物，主要来源是电镀、化工、选矿、有机玻璃制造等工业废水的排放。

氰化物的测定方法有硝酸银滴定法、异烟酸－吡唑啉酮分光光度法、吡啶－巴比妥酸分光光度法和离子选择电极法。

（1）水样的预处理

1）向水样中加入酒石酸和硝酸锌，调节 pH 值为 4，加热蒸馏，简单氰化物和部分络合物以氰化氢形式被蒸馏出，用氢氧化钠溶液吸收待测。

2）向水样中加入磷酸和 EDTA，在 pH<2 的条件下加热蒸馏，可将全部简单氰化物和除银氰化合物外的绝大部分配合氰化物，以氰化氢形式蒸馏出来，用氢氧化钠溶液吸收待测。

（2）硝酸银滴定法

硝酸银滴定法测定氰化物的原理水样经预处理后得到碱性馏出液（调节溶液的 pH 值至 11 以上），用硝酸银标准溶液滴定，氰离子与硝酸银作用形成可溶性的银氰络合离子，过量的银离子与试银灵指示液反应，溶液由黄色变为橙红色，即为终点。

当水样中氰化物含量在 1mg/L 以上时，可用硝酸银滴定法进行测定。检测上限为100mg/L。硝酸银滴定法适用于测定饮用水、地面水、生活污水和工业废水中的氰化物。

（3）异烟酸－吡唑啉酮分光光度法

异烟酸－吡唑啉酮分光光度法测定氰化物的原理水样经预处理后得到的馏出液，调节溶液的 pH 值至中性，加入氯胺 T 溶液，水样中的氰化物与之反应生成氯化氰，生成的氯化氰再与加入的异烟酸作用，经水解后生成戊烯二醛，生成的戊烯二醛与吡唑啉酮缩合生成蓝色染料，其色度与氰化物的含量成正比，在 638nm 波长处测其吸光度，标准曲线法定量，得出水样中氰化物的含量。

异烟酸－吡唑啉酮分光光度法测定氰化物的最低检出浓度为 0.004mg/L，测定上限为0.25mg/L，适用于测定饮用水、地面水、生活污水和工业废水中的氧化物。

（4）吡啶－巴比妥酸分光光度法

吡啶－巴比妥酸分光光度法测定氰化物的原理水样经预处理后得到的馏出液，调节溶液的 pH 值至中性，加入氯胺 T 溶液，水样中的氰化物与之反应生成氯化氰，生成的氯化氰再与加入的吡啶作用，经水解后生成戊烯二醛，生成的戊烯二醛与两个巴比妥酸分子缩合生成红紫色染料，其色度与氰化物的含量成正比，在 580nm 波长处测其吸光度，标准曲线法定量，得出水样中氰化物的含量。

吡啶－巴比妥酸分光光度法测定氰化物的最低检测浓度为 0.002mg/L，测定上限为0.45mg/L，适用于测定饮用水、地面水、生活污水和工业废水中的氰化物。

6. 氟化物的测定

氟是维持人体健康必需的微量元素之一。我国饮用水中适宜的氟浓度为 0.05～1.0mg/L。若饮用水中含量过低，摄入不足会引起龋齿病；若摄入量过多，则会发生斑齿病，如水中含氟量高于 4mg/L 时，则可导致氟骨病。

氟化物分布广泛，天然水中一般均含有氟。氟化物的主要来源于有色冶金、钢铁和铝加工、焦炭、玻璃、陶瓷、电子、电镀、化肥农药厂的废水和含氟矿物废水的排放。

水中氟化物的测定方法有氟离子选择电极法、氟试剂分光光度法、茜素磺酸锆目视比色法、硝酸钍滴定法、离子色谱法。

（1）水样的预处理

通常采用预蒸馏的方法，主要有水蒸气蒸馏法和直接蒸馏法两种。

1）水蒸气蒸馏法

水中氟化物在含高氯酸（或硫酸）的溶液中，通入水蒸气，以氟硅酸或氟化氢形式被蒸出。

2）直接蒸馏法

在沸点较高的酸溶液中，氟化物以氟硅酸或氢氟酸形式被蒸出，与水中干扰物分离。

（2）氟离子选择电极法

氟离子选择电极是一种以氟化镧单晶片为敏感膜的传感器，当氟离子电极与含氟的试液接触时，与参比电极构成的电池电动势随溶液中氟离子活度的变化而改变。用晶体管毫伏计或电位计测量上述原电池的电动势，并与用氟离子标准溶液测得的电动势相比较，即可求得水样中氟化物的浓度。

氟离子选择电极法测氟化物的最低检出浓度为 0.05mg/L，测定上限为 1900mg/L，适用于测定地下水、地面水和工业废水中的氟化物。

（3）氟试剂分光光度法

氟试剂分光光度法测定氟化物的原理氟离子在 pH=4.1 的乙酸盐缓冲介质中，与氟试剂和硝酸镧反应，生成蓝色三元络合物，其颜色的强度与氟离子浓度成正比。在 620nm 波长处测其吸光度，标准曲线法定量，得出水样中氟化物的含量。

水样体积为 25mL，使用光程 30mm 比色皿，氟试剂分光光度法测定氟化物的最低检测浓度为 0.05mg/L，测定上限为 1.80mg/L，适用于测定地下水、地面水和工业废水中的氟化物。

（4）茜素磺酸锆目视比色法

茜素磺酸锆目视比色法测定氟化物的原理在酸性溶液中，茜素磺酸钠与锆盐生成红色络合物，当水样中有氟离子时，能夺取该络合物中锆离子，生成无色的氟化锆离子，释放出黄色的茜素磺酸钠。根据溶液由红退至黄色的色度不同，与标准色列比色。

茜素磺酸锆目视比色法测定氟化物的最低检测浓度为 0.05mg/L，其测定上限为 2.5mg/L，适用于测定饮用水、地下水、地面水和工业废水中的氟化物。

（5）硝酸钍滴定法

硝酸钍滴定法测定氟化物的原理在以氯乙酸为缓冲剂，pH 值为 3.2~3.5 的酸性介质中，以茜素磺酸钠和亚甲蓝作为指示剂，用硝酸钍标准溶液滴定氟离子，当溶液由翠绿色变为蓝灰色，即为反应终点。根据硝酸钍标准溶液的用量即可算出氟离子的浓度。

硝酸钍滴定法适于测定氟含量大于 50mg/L 废水中的氟化物。

7. 其他非金属无机污染物的测定

其他非金属无机污染物根据水体类型和对水质要求不同，还可能要求测定其他非金属无机物项目，如氯化物、碘化物、硫酸盐、二氧化硅，含磷化合物、余氯等。对于这些项目的测定可参阅《水和废水监测分析方法》等书目。

第四章　给水排水管网工程

给水排水系统是为人们的生活、生产和消防提供用水和排除废水的设施总称，是人类文明进步和城市化聚集居住的产物，是现代化城市最重要的基础设施之一。给水排水管网是给水排水系统的重要组成部分，是由不同材质的管道和附属构筑物构成的输水网络，包括给水管网系统和排水管网系统。本章主要对给水排水管网工程进行详细的讲解。

第一节　概　述

一、给水排水管网工程的概念

给水管网系统又称输配水系统，包括输水管渠、配水管网、水压调节设施（如泵站、减压阀）及水量调节设施（如清水池、水塔）等，承担供水的输送、分配、压力调节和水量调节任务，起保障用户用水的作用；排水管网系统包括污水和废水收集与输送管渠、水量调节池、提升泵站及附属构筑物（如检查井、跌水井、水封井、雨水口、截流井、出水口）等，承担污水和雨水收集、输送、高程或压力调节和水量调节任务，起到防止环境污染和防治洪涝灾害的作用。

二、工程特点

给水排水管网工程具有一般网络系统的特点，主要包括以下几点：分散性：给水排水管网覆盖了整个用水区域；连通性：各部分之间的水量、水压和水质紧密关联且相互作用；传输性：兼具水量输送和能量传递的特点；扩展性：可以向内部或外部扩展，一般分多次建成。

同时，给水排水管网工程又具有与一般网络系统不同的特点，例如，隐蔽性强、外部干扰因素多、容易发生事故、基建投资费用大、扩建改建频繁、运行管理复杂等。

此外，相对于给水处理厂和排水处理厂（站）而言，给水排水管网工程的特点也很明显。对于某一段管网的建设，给水排水管网属于线性工程，建设过程中各管线之间、管线与其他构件之间的空间布置容易出现冲突。例如，给水排水专业在布置管道时，可能出现结构梁等构件妨碍管道铺设的情况，如何利用 BIM 技术进行碰撞检查，优化工程设计，是进行给水排水管网建模过程中重点关注的问题。

三、设计特点

给水排水管网工程是城市建设的基础设施，也是城市的生命线之一，它直接影响到人们的生产和生活。如果给水管网出现问题，居民的用水需求就得不到满足，甚至会引起社会事件；如果排水管网出现问题，城市污水与雨水无法顺利收集、排放会出现污染或者内涝，给城市带来巨大损失。因此，设计合理的给水排水管网是一项重要而且十分有意义的工程。

在建设过程中给水排水管网通常与电力、燃气、通信等其他管线一同建设，各种管网在建设过程中不确定性因素较多，采用 BIM 技术进行建模对项目进行设计、建造、运营管理和维护，将各种管线信息组织成一个有机整体，贯穿项目整个生命周期，具有重要意义。

给水排水管网工程在设计流程上包括确定给水排水总体方案、给水排水管线设计建模、给水排水各管线计算分析模拟、给水排水专业校审、各专业协同、给水排水管线出图建模等多个步骤，每个步骤逐步深化、丰富设计内容。在管网模型设计过程中包括项目级、功能级（构筑物级）、构件级和零件级四个层级，按照设计模型、项目整合模型、专业系统组合模型、单系统模型、构件模型、零件模型的方式逐层丰富和完善模型系统。

给水排水管网工程系统的模型内容在建模过程中一般分为以下三个级别，分别为一级分类、二级分类和三级分类。例如，管网系统的一级分类包括管道设备、给水排水管网、管道基础和接口三个部分；在二级分类中，管道设备分类包括阀门设备、计量设备、消防设备等；三级分类则在二级分类基础上进一步细分，例如，阀门设备分闸阀、蝶阀、进排气阀等。

四、智慧水务系统

（一）智慧水务建设概述

随着全球物联网、大数据、云计算、移动互联网等信息技术的迅速发展和深入应用，信息化发展日新月异，更高阶段的智慧化发展已成为必然趋势。"智慧地球"的社会理念认为世界的基础结构正在向智慧的方向发展，可感应、可度量的信息源无处不在，互联网平台让一切互联互通，让一切变得更加智能化。"智慧城市"的理念也在国内得到广泛认同。

随着水务业务的变化和科学技术的发展，水务管理的思路不断创新，自动化和信息化技术在城市水务管理部门中的应用也越来越深入和广泛，为我国城市水务信息化的进一步发展打下了良好的基础。总体来看，我国城市水务信息化的发展主要分为自动化、数字化和智慧化三个阶段。目前，我国大多数城市水务部门的信息化建设正在从数字化水务阶段向智慧化水务阶段迈进，具体包括以下三点：

1. 自动化阶段

自动化阶段我国城市水务信息化主要侧重基础信息的自动化采集，逐步实现了阀门、泵站、生产工艺过程等的自动化操控，水质、水压和流量等涉水数据的测量水平得到很大提高。

2. 数字化阶段

数字化阶段我国城市水务部门真正开展了信息化系统的建设。利用无线传感器网络、数据库技术和 3G 网络，相关水务部门相继建立了业务系统和数据库，大大提高了信息存储、查询和回溯的效率，初步实现业务管理和行政办公的信息化。目前，我国绝大部分城市水务信息化正处于此阶段。

3. 智慧化阶段

智慧化阶段城市水务部门可成熟运用物联网、云计算、大数据和移动互联网等新一代信息技术。同时，信息化系统通过数据挖掘、多维分析可实现对多源异构数据的深度处理，为城市水务信息化管理、决策提供重要参考数据，提高评估决策的及时性和准确性，实现城市水务业务规范化、智能化管理。

智慧水务是把最新的信息技术充分应用于城市水务的综合管理，把传感器设备嵌入自然水和社会水循环系统中，利用大数据和云计算将"水务物联网"整合起来，以多源耦合的二元水循环模拟、水资源调控、水务虚拟现实平台为支撑，实现数字城市水务设施与物理城市水务设施的集成；依托机制创新，整合气象水文、水务环境、市容绿化、建设交通等涉水领域的信息，构建基于大数据中心的应用系统，为水务业务管理、涉水事务跨行业协调管理、电子政务、社会公众服务等各个领域提供智能化支持，从而能以更加精细、动态、灵活、高效的方式实现城市水务相关工作的规划、设计和管理。

（二）智慧水务理念

城市供排水事业的发展与城市社会经济的发展息息相关，其服务质量的好坏不仅关系到企业自身的利益，也直接影响到社会的稳定和政府形象。而由于城市水务管理存在着涉及范围广、时空跨度大、突发事件多，不确定因素难以控制等技术性难点，城市水务传统管理仍面临诸多问题：设施信息"家底"不清，信息利用效率低，缺乏数据标准及规范，从而影响信息的共享和有效使用；缺少长期定量化的运行动态数据监管，无法及时掌握管网动态，缺少优化调度科学分析的数据基础；缺乏有效的评估决策模式，导致相关决策仍然以主观判断为主，难以科学解决管网连通、布局优化、泵站调控、厂网联控、流域调水等工程措施对管网系统的动态影响；大部分信息化建设仍停留在信息管理水平，数据、系统分散，"信息孤岛"问题突出。

智慧水务是信息技术对水务行业的一种变革，它使水务管理突破传统模式，以更加智能化的方式运作。智慧水务的三大核心理念为感知、协同和智能。

1. 感知

数据是智慧水务的核心，通过感知，将先进的传感技术和物联网技术嵌入水务业务系统中的各个环节，完成数据采集，通过网络传输使水务业务系统充分数据化，为其他系统的建设创造条件，为智慧水务建设提供基础。

2. 协同

利用水务系统各个环节的内在协同运行关系，使各业务单元更加系统高效地运行起来，实现水务系统在数据、业务流程、决策信息、门户等不同层面的协同运行。

3. 智能

利用先进的模型、计算分析模式、应用计算能力、强大的计算设备对数据进行整理、加工和分析，将数据转化成有效的信息，提升水务管理决策能力。

（三）智慧水务建设内容

通过对感知层、网络层、基础设施层（IaaS）、数据服务层（DaaS）、平台支撑层（PaaS）、软件服务层（SaaS）、交互层的建设，构建城市智慧水务大数据平台框架，形成以服务为总线的平台服务体系。

感知层通过采集水质、流量、水位、雨量、气象、地下水信息的水利监测设备，自动化控制设备并为视频联动提供多源数据。

网络层负责信息传输，通过有线传输和无线传输两种主要形式，应用光纤、GPRS、3G、4G、卫星、短波等传输技术，实现数据信息安全稳定传输。

IaaS 层通过对计算机基础设施整合利用后提供服务，通过虚拟化技术重新整合服务器、交换机、路由器防火墙，机柜、UPS 等基本设施构建数据中心，实现对数据中心基础设施的监控管理和资源的分配调度管理，为数据的存储和调用提供强有力的物理环境。

DaaS 层为业务应用提供公共数据的访问服务以及提供数据中潜在的有价值信息的服务。

PaaS 层为业务系统提供统一的平台应用支撑服务，为水资源、水环境、防汛抗旱相关领域的业务应用系统提供统一的基础数据访问、数据分析、界面表现等平台公共服务支持。

1. 智慧水务建设任务

根据城市水务信息化发展现状和智慧水务的总体框架，其建设任务包括四个监测体系、五个控制体系、一个水务大数据中心和一个应用体系，具体如下：

（1）四个监测体系

四个监测体系主要围绕防汛抗旱、水资源、水环境和水生态管理四类核心业务，以完善水务监测体系。同传统的监测手段相比，智慧水务利用遥感、卫星、物联网等技术构建智能感知体系，确保信息互通和资源共享，形成"空天地"一体化的水务立体感知监测体系。

（2）五个控制体系

五个控制体系主要围绕洪水控制、水源控制、城市供水控制、城市排水控制和生态河湖控制五类体系。洪水控制体系涵盖城市主要河流及城市内涝，采取上蓄、中疏、下排的防洪措施；水源控制体系可实现水库、水源地及再生水统一配置；城市供水控制体系包括城区和郊区供水控制体系，形成城郊供水单元相结合的供水格局；城市排水控制体系包括污水收集和处理体系；生态河湖控制体系包括内城水系、生态廊道及小流域。

（3）一个水务大数据中心

一个水务大数据中心通过元数据库结合数据资源目录的方式实现数据的标准化管理，并在现有综合库的基础上建设数据库，通过配套相关硬件设备并充分运用大数据技术，为水务业务分析、统计、决策等过程提供重要的数据支撑。建设水务信息基础平台，建立形式多样、使用灵活、方便快捷的资源共享服务系统，形成"一库一平台"。

（4）一个应用体系

一个应用体系采用功能个性化定制的思想，水务应用系统由通用和个性相结合的方式实现。共性业务使用统一的通用模块，个性业务则单独开发模块。通过管理平台实现模块的共享、升级和管理，形成上下贯通、左右协同的业务应用链条，为社会公众、水务各级管理部门提供在线服务和决策支持。

2. 智慧水务建设原则

为确保智慧水务目标的实现，克服水务信息化发展过程中出现的各自为政、重复建设、信息资源分散、开发利用效率低等全局性问题，智慧水务建设应遵循以下基本原则：

（1）统筹规划、稳步推进

根据城市智慧水务统筹安排建设任务，逐一落实，协调、稳步推进各项建设内容，满足当前工作的迫切需要。同时，建立有效的工作协调机制，健全相关办法，制定标准规范，采取有效措施，促进重点项目建设，在技术上统一标准框架，确保信息的互联互通，促进资源的整合共享，充分发挥各种资源的作用和效能。

（2）需求驱动、急用先建

以满足实际需求、提升业务支撑能力为目的，建立以应用需求为导向、信息技术应用服从水务事务和业务需求的科学发展模式。在保障系统可拓展性的基础上，选择实用先进的信息技术，建立可配置、易扩充能演化的系统，注重实用，确保系统尽快发挥效益。

（3）注重整合、资源共享

按照资源共享的原则建设和应用所有信息基础设施，特别是要依托水务大数据中心建设，利用信息交换平台在全市水务系统内部最大限度地共享信息资源，最大限度地对社会公众开放公共信息，实现资源优化配置信息互联互通、政务公开透明，促进信息基础设施建设和应用系统效能最大化，避免重复建设。

（4）建管并重、注重运维

加强建设项目的规范化过程管理与科学评估，明确各类信息基础设施及业务应用的合理生命周期，将所建系统的运行维护管理方案及合理生命周期内所需备品、备件纳入设计内容，落实运行维护经费和组织方式，强化日常管理，保障水务信息系统可持续使用。

3. 智慧水务建设模式

智慧水务的核心体现在应用层面，应用系统建设以现有系统整合为主，现有系统升级改造和新建系统为辅的方式开展。具体内容如下：

（1）现有系统整合

现有系统整合分为数据资源整合与应用系统整合两个层面。数据资源层面的整合针对运行良好、相互功能交集较小，但具有一定数据联系的现有应用系统，通过分析系统之间的数据关联关系（如数据类型、流向、共享需求等），确定整合后的数据资源结构，并对上层应用系统进行相应改造，实现同一数据资源上不同系统的稳定运行。

应用系统层面的整合是在云计算服务环境下，基于面向服务的架构，对当前在不同的开发平台下，用不同的开发语言、架构设计开发，并且运行于不同网络环境中的信息系统进行深入分析，将业务流程分割包装成不同的服务，并整合在统一的网络中，对使用者提供透明化的服务，从而实现系统的松耦合。

（2）现有系统升级改造

对不能满足智慧水务业务需求的系统进行评估，找出目前运行状况良好的系统，按照智慧水务业务需求，在大数据、云计算和物联网环境下，基于面向服务的技术架构对业务流程进行重新梳理，采用工作流、可视化等技术对业务流程进行建模，构建可变动的业务流程定制机制，实现对现有系统的升级，以满足服务社会公众和支持领导决策的需求。

（3）新系统建设

针对无法通过升级改造达到相应的建设目标、升级改造成本过高，或者承担了新的工作和任务的系统，需要建设新的信息系统。新建系统基于统一的布局、标准和开发平台，充分考虑软硬件的兼容性问题，以提高各业务系统的开发效率，方便各业务系统间的集成，实现各系统间的互联互通与信息共享，从而保障跨部门的业务协同。

4.智慧水务建成预期成果

智慧水务建成后，将实现以水务局为中心，局属单位为分中心的城市智慧水务服务系统，为基层监控、业务管理、决策支持、公共服务提供全面、可靠、灵活、便捷的信息化支撑和保障。具体内容如下：

（1）控制自动化

面向城市水源地、排水管网、城市生态河湖水系等各类监控对象，建立防洪工程、水源工程自动化、城乡供水工程城市排水工程和生态河湖工程等控制体系，实现水利工程及时、可靠、自动控制。

（2）管理协同化

面向业务人员，建立市区两级联动的协同管理工作体制，在业务和政务管理方面实现统一流程、用户、资源、配置的协作化管理。通过对目标、过程、执行及结果等管理的统一把控，使业务人员的管理更加高效、共享和协同，实现精细化管理。

（3）决策科学化

面向领导建立模型，实现多水源多用户水资源联合调度、洪水资源利用、风险管理等分析，为领导科学决策提供支持。通过信息支撑与决策依据、方法及过程的科学化，使领导的决策更加合理可行，实现科学化决策。

（4）服务人性化

面向社会公众，建立涉及水行政、民生的公共服务，提供了解水务的渠道，实现水务信息资源共建共享，避免重复建设。通过服务内容、方式、品质及社会交互，使社会公众体验到水务品质的便捷，实现人性化服务。

智慧水务是水务部门相关业务信息化的高级阶段，其核心理念是以云计算、大数据、物联网和移动互联网等新一代信息技术为支撑，通过智能设备感知水务信息化采集数据的全方位变化，对海量感知数据进行传输存储和处理；并基于统一融合与互联互通的公共服务平台，实现对数据的智能分析，以更加精细和动态的方式管理水务业务系统的整套采集、监测、管理、决策和服务流程，从而达到"智慧水务"的目的。

（四）大数据平台建设

目前，关于智慧水务的定义、设计方案非常多，各有优点与不足，因为基础条件有区别，所以重点有所不同，应选择符合自身实际需求的智慧水务。智慧水务作为智慧城市的一部分，涵盖范围非常广泛。它包括城市的水资源系统、供水系统、排水系统和防汛防涝系统等。智慧水务从数据的检测、采集，到数据的传输、存储，再到数据的处理分析，利用结果进行生产管理和辅助决策等，便于快捷科学地管理系统中的各个环节，实现城市安全管理、行业节能生产、资源合理利用的社会目标。同时，将部分信息进行共享互通，服务城市居民，提高对城市资源和环境的感知力，增强人们的环境保护意识，共同创造环境友好、经济良性发展、人们安居乐业的和谐社会。

城市的供水企业应开展大数据平台建设，通过对数据的收集处理、分析；同时，实时监控各个环节的生产过程，以更加精细和动态的方式管理供水系统，实现生产管理数字化、调度更科学、流程更合理、系统更节能的目标。通过实时监控系统平台及智慧水务综合应用平台，以 Web 服务等形式，将数据、生产过程信息覆盖至系统内各个角落，实现数据展示智能化，协助全体生产管理人员实时了解、分析、控制生产流程中每个环节，使生产过程不断完善、管理水平不断提高，从而达到"智慧"的目标。

1. 系统规划

系统规划应从顶层架构开始，各相关部门充分论证，根据不同的基础条件进行调整，逐步完善，不断推进。其意义在于平台几乎汇集企业所有生产经营活动过程中的数据，通过综合应用平台进行分析与处理，解决各子系统孤立存在、数据无法共享、各部门报表重复提交的问题。同时，又保证各子系统独立运行的特点，提高数据统计、分析、应用方面的能力，确保数据提取高效、准确，提高生产办公效率。

2. 数据仓库

（1）功能

数据仓库是智慧水务大数据平台的核心系统。硬件上，它是一个数据服务器群；软件上，它就是个大型数据库。它的主要功能是汇集、存储从各个子系统中提取的数据，并为综合应用平台提供数据，各子系统的数据将完全实现共享互通。

（2）数据库软件选用

数据库选用的数据库软件应从系统的开放性、可伸缩性、并行性、安全性数据库性能、客户端支持及应用模式、操作简便性、兼容性等多个方面进行比较。从性能方面出发，目前建议选用 Oracle 或 DB2，考虑到必须与现有的子系统进行对接，或许不得不选用 SQLServer，但这肯定不是最好的选择，还应综合考虑其他因素。

（3）接口

为确保与各个子系统的连接，需要统计出各子系统可以提供的接口模式。但在之后建设或升级改造子系统时，应提供数据库软件的标准接口，或有直接读写功能，或有 ODBC，JDBC，OCI 等模式，但都必须使用最快捷的途径，考虑安全性及可靠性。

（4）数据

数据应根据实际需求对子系统的数据进行提取，不必全部提取出来。针对不同的子系统，提出标准的、精确的数据提取模板。每个子系统均按数据模板提供，不会对众多子系统的建设、升级更新造成影响。

3.综合应用平台

（1）平台功能

综合应用平台是用户应用系统的集合，对数据仓库里的数据进行挖掘、加工、汇总、统计等操作，然后以图表（报表）等多种形式通过互联网展示给用户。

（2）应用系统类别

可以根据不同的应用需求开发应用系统，但主要有以下几种：服务企业内部生产管理使用的系统，如统计报表系统、生产调度系统、经营决策分析系统等；面向公众使用的系统，如综合门户网站、微信系统等；面向政府相关部门发布信息的系统。

数据仓库的建立将支持开发更多类别的应用系统，可完全实现各部门的数据共享互通，企业可根据需求建设应用系统。

（3）各子系统概况及建设

系统中的营收管理系统、用户维修报装管理系统 NC 财务管理系统、物资采购申领及仓库管理系统、热线管理系统、人工填报生产报表系统与设备管理系统等都是现存系统，可根据其功能特点及数据提取要求，增加与数据仓库的接口。接口编程工作一般由服务商或厂家进行。跨子公司或跨主管部门的子系统可以提供接口标准及连接办法，由多方协调处理，如系统中的排水生产管理系统、水资源实时监控系统。这些子系统的建设与珠海供水实时监控系统相仿，虽然也复杂庞大，但提供数据仓库的接口不难实现。

目前，珠海供水实时监控系统已完成一期建设，建成了 5 个水厂、3 个大泵站和 3 个小泵站的实时监控系统，主系统相当稳定。但由于系统中各厂站的 PLC 系统建设质量参差不齐、部分数据采集不完整等原因，需要进一步完善系统。供水管网及二次供水实时监控系统的建设与珠海供水实时监控系统采用的技术大部分相同，以下着重探讨这方面的建设。

（4）珠海供水实时监控系统

以珠海智慧水务为实例进行介绍。珠海供水实时监控系统是一个非常庞大的子系统，它将对珠海市所有水厂、取水泵站、加压泵站的生产过程进行实时监控，涉及所有厂、站的自动化系统建设和数据采集。目前，已直接连接超过 70 个 PLC 子站、3 个大型数据网关（Modbus TCP/IP），全部建成后预计可连接 PLC 子站超过 120 个。

（5）系统结构

系统主要由 PLC 集成系统、子数据服务器系统、网络组态中央服务器系统等组成。其中，网络可以是光纤以太网、无线以太网、用 4G 路由器组成的网络等。目前，各厂站大部分有自控系统，不同的自控系统采取不同的通信方案，通过通信软件、数据网关、OPC 服务器等技术，将数据直接传送到集团公司的组态服务器，或先汇集至本地的数据服务器，然后再统一传送至集团公司的组态服务器。

数据采集是一项关键的工作。各厂站应具有完善的自控系统，确保每个仪器仪表正常工作。除在仪器仪表的选择上要下大功夫外，制定科学有效的仪表管理制度也是重要的工作，以确保数据长期准确有效。

4. 子数据服务器系统（Date Server）

子数据服务器系统是分布在各个水厂、泵站或河流综合检测点、水库等地的子服务器，作为与主服务器配套的子服务器群。子数据服务器根据现场的不同的 PLC 系统进行配置，融合多种 PLC 系统，解决部分 PLC 系统不能跨网段传输数据的问题。组态子服务器系统主要有以下四个重要的功能。

（1）通过以太网连接中心服务器，以 Modbus Tep/IP、P2P 或系统内部数据传送的方式，为中央服务器提供数据，通信速度以毫秒为单位。

（2）通过各种不同的网络方式（如有线以太网、无线以太网、4G 路由等），不同的协议与 PLC 系统相连。

（3）可作为客户端的子系统接入点，其系统接入性能与中心服务器相同，便于当地技术管理人员直接管理；同时，各类客户端根据权限可以跨越中心服务器直接访问子服务器，形成多种层次的访问/服务结构，使整个系统更具灵活性。

（4）根据需要，子服务器可扩展下一层子服务器，连接更多的 PLC 及现场仪表系统，同时不会影响任何在用系统，使整个系统的安全扩展性更强。

（五）智慧水务关键技术

"智慧水务"是水务信息化发展的高级阶段，是数字经济环境下，传统水务企业转变发展方式、实现科学发展的必由之路。云计算、物联网、大数据、移动互联网等新一代信息技术与智慧水务建设相结合。根据 2020 年的水务市场表现，推测出智慧水务最应受关注的十大技术。

1. 云计算技术

云计算是基于互联网的相关服务的增加、使用和交付模式，通常涉及通过互联网来提供动态易扩展且经常是虚拟化的资源。云是网络、互联网的一种比喻说法。

云计算技术颠覆性地改变了传统水务行业的消费模式和服务模式，可以实现从以前的"购买软硬件产品"向"提供和购买 IT 服务"转变，并通过互联网或集团内网自助式地获取和使用服务。智慧水务在建设过程中通过云计算技术，将大大节约企业整体的信息化投入成本。

2. 物联网革命

物联网是新一代信息技术的重要组成部分，也是信息化时代的重要发展阶段。物联网就是物物相连的互联网。

（1）物联网的核心和基础仍然是互联网，是在互联网的基础上延伸和扩展的网络；

（2）物联网的用户端延伸和扩展到了任何物品之间，进行信息交换和通信，也就是物物相息。

物联网（IOT）革命正在全速进行。大多数物联网传感器会进行无线部署，因为这是一种更廉价的连接形式。特别是 NB—IOT 技术的推广，相比于无线物联网技术，具有低功耗、大容量、高稳定性，以及深覆盖等显著优势，将引领水务行业的"智慧升级"。

3. 大数据时代

大数据是指无法在一定时间范围内用常规软件工具进行捕捉、管理和处理的数据集合，是需要新处理模式才能具有更强的决策力、洞察发现力和流程优化能力的海量、高增长率和多样化的信息资产。

在这个大数据时代，数据已经成为企业的重要资产甚至是核心资产。数据资产及数据专业处理能力将成为水务企业的核心竞争力，水务企业通过引入大数据技术，可以实现传统结构化数据管理模式与非结构化数据管理模式的有机结合，实现大数据有效的深度分析和新知识的发现。在未来，随着智慧水务的不断推进，大数据应用将成为新的重心。

4. 移动互联网

水务行业已经开始理解并接受客户互动的优势。通过移动互联网技术，水利部水资源司可以直接与智能手机微信微博 APP 和网站建立双向通信来提高服务质量，提醒用户可能发生的停水、漏损污染等情况。未来的互动技术将发挥更重要的作用，可用的解决方案会变得更加个性化。

5. 实时动态监测系统

不断爆发的水污染事件给中国老百姓的日常生活和生产造成了严重影响，水污染事件一次次成为全民关注的焦点。水务企业通过实时水质监测设备和软件可以主动管理、监测和避免潜在的威胁，实现数据的自动采集和传输，进行水质信息的实时跟踪，提高水务企业水质监测的管理水平。

6.BIM 建筑信息管理

BIM 以建筑工程项目的各项相关信息数据作为基础，建立起三维的建筑模型，通过数字信息仿真模拟建筑物的真实信息。它具有信息完备性、信息关联性、信息一致性、可视化、协调性、模拟性、优化性和可出图性八大特点。

水务是建设工程与机电安装工程的结合体，通过 BIM 技术的应用，将工程阶段产生的数字化信息贯穿于整个建设管理中，解决大量信息的沟通协调问题，为设计、施工及运营单位等参建主体提供协同工作的基础，构建基于 BIM 技术的水务工程建设全生命周期管理将是水务行业的未来发展趋势。

7.GIS 地理信息系统

GIS 地理信息系统有时又被称为"地学信息系统"。它是一种特定的十分重要的空间信息系统，是在计算机硬、软件系统支持下，对整个或部分地球表层（包括大气层）空间中的有关地理分布数据进行采集储存、管理、运算、分析、显示和描述的技术系统。

通过 GIS 技术，水务企业可以实现对管网基础数据资源的数字化、可视化管理，将地图元素和地下空间信息融入管理系统中，采用三维模拟技术对地下管线进行翔实的展示，切实解决管网管理过程中的隐蔽性强，重叠较差问题，充分体现出辅助决策的科学性和先进性。

8.3D 打印技术

3D 打印（3DP）是一种快速成型技术，它以数字模型文件为基础，运用粉末状金属或塑料等可黏合材料，通过逐层打印的方式来构造物体。

水务企业资产总量大，涉及的资产设备种类多，且设备与保供应和保安全供水密切相关，使用 3D 打印设备关键部件可以大大提升其经济效益。因此，如何通过 3D 打印技术的应用获得更好的质量、更高的生产率和更大的经济效益，将是未来水务企业的重要方向。

9.VR 技术

VR 技术是一种可以创建和体验虚拟世界的计算机仿真系统，它利用计算机生成一种模拟环境，是一种多源信息融合的交互式的三维动态视景和实体行为的系统仿真，使用户沉浸到模拟环境中。

未来的 5～10 年，VR 将会逐步成为一种市场主流技术。依托于 VR 技术，可以建立起水源地、水厂生产、污水处理厂生产、泵站运行等的虚拟环境，使实景展现在眼前，实现水务企业运行管理的信息化、智能化、可视化和集成化。未来 VR 技术潜力巨大，应用前景非常广阔。

10. 人工智能

人工智能是研究、开发用于模拟、延伸和扩展人的智能的理论、方法、技术及应用系统的一门新的技术科学。人工智能是计算机科学的一个分支，它试图了解智能的实质，并生产出一种新的能以与人类智能相似的方式做出反应的智能机器，该领域的研究包括机器人、语言识别、图像识别、自然语言处理和专家系统等。

人工智能系统具有自主学习、推理、判断和自适应能力，主要应用在优化设计、故障诊断、智能检测、系统管理等领域。人工智能在水务领域的场景会越来越丰富，给水务企业的生产和运营带来更多改变。

第二节　模型系统

1. 模型系统

为了保障信息有序而规范的传递，模型单元的描述方式关系到数据应用时能否进行数据定位。模型单元分为实体、属性两个维度，在传递过程中以下几个关键因素应予重点考虑：

（1）模型单元所处的模型系统。模型系统是构筑物首要构成逻辑，也就是构筑物所包含的工程对象，是依据专业模型系统组合、单专业模型系统、单功能模型系统组织在一起并完成特定的功能使命。因此，界定模型单元的系统分类，有助于理清建筑信息模型脉络，并使之与实际设计过程和使用功能对应起来。

（2）模型单元的视觉呈现效果。视觉呈现效果决定了在数字化领域，人机互动时人类是否能够快速识别模型单元所表达的工程对象。当前的工程实践表明，模型单元并不需要呈现出与实际物体完全相同的几何细节。

（3）模型单元所承载的信息。依靠属性来体现；同时，属性定义了模型单元的实质，即所表达的工程对象的全部事实。然而考虑到不同的应用需求，所需要的属性健全程度也是不同的。另外，模型单元可能需要大量的属性来描述，因此，有必要对属性加以分类，这样有利于信息的界定和定位查询。

（4）属性值体现模型单元最终描述的结果。属性值可根据工程发展程度逐步体现，由掌握相应信息的输入方完成输入。模型单元的信息深度等级在属性值不断完善的过程中体现。

2. 给水排水管网工程系统

模型单元是信息输入、交付和管理的基本对象。在各设计阶段使用不同模型单元等级。给水排水管网工程模型单元划分原则如表 4-1 所示。

表 4-1　给水排水管网工程模型单元划分原则

模型单元等级	模型单元	可研	初设	施工图
项目级	项目模型的集合（如现状模型、规划模型、设计模型等）	√		
功能级	专业模型系统组合（如给水排水管网系统模型、附属构筑物系统模型及泵站系统模型等）	√	√	
	单专业模型（如工艺、结构、电气等）		√	
	单功能模型（如给排水管网，管道基础及接口、阀门井，检查井和雨水口等）		√	√
构件级	构件模型的集合（如管道、阀门、流量计、铸铁箅子等）			√
零件级	从属于构件模型			√

3. 给水排水管网工程系统分类

按照《建筑信息模型设计交付标准》（报批稿）中的规定，模型单元的建立、传输、交付和解读应包含模型单元的系统分类。给水排水管网工程系统分类如表 4-2 所示。

表 4-2 给水排水管网工程系统分类

一级系统	二级系统	设备构件
给水排水管网	给（中）水管道	管道，管道附件
	雨水管道	管道
	污水管道	管道
管道设备	阀门设备	闸阀，蝶阀、进排气阀、排泥阀、水锤消除装置等
	计量设备	电磁流量计、超声波流量计等
	消防设备	地面式消火栓、地下式消火栓、清防水鹤等
管道基础、接口	管道基础	素土基础、砂石基础、混凝土基础等
	管道接口	胶圈接口、电熔接口、法兰接口，水泥砂浆抹带接口等

第三节　可行性研究阶段交换信息

按照《市政公用工程设计文件编制深度规定》确定的给水排水管网工程可行性研究阶段设计原则，对给水排水工程 BIM 设计总体流程中可行性研究阶段设计流程，按各专业展开为可行性研究阶段 BIM 设计流程，并根据设计流程中所需的设计资料及信息交换内容，确定可行性研究阶段设计资料及信息交换模型对应的信息深度等级 Nr 及几何表达精度等级 Gx。

1. 可行性研究阶段设计原则

工程项目可行性研究的主要任务是在充分调查研究、评价预测和必要的勘察工作的基础上，对项目建设的必要性、经济合理性、技术可行性、实施可能性、对环境的影响性等方面，进行综合性的研究和论证，对不同建设方案进行比较，提出推荐方案。可行性研究的工作成果是可行性研究报告，批准后的可行性研究报告是编制设计任务书和进行初步设计的依据。

可行性研究阶段主要需进行以下分析：

（1）给排水管网现状评价、规划及建设必要性分析。

（2）给排水管网功能定位、建设标准、建设规模分析。

（3）给水排水管网总体布置方案研究，采用多种方案进行技术经济比较，优化设计方案。从整体设计上考虑管网系统的设计，满足市政给水排水需要。

（4）给水排水管线的平面位置和高程，应根据地形、地质、地下水位、道路情况、既有和规划的地下设施、施工条件以及养护管理方便等因素综合考虑。

（5）环境影响分析与节能评价。

2. 可行性研究阶段设计流程

（1）工艺专业

工艺可研模型（ID：1.2）主要表达管线线位、规模、总体布置、用地等。模型精细度为 LOD2.0，模型单元几何表达精度 G1。模型主要包括管线起止点、管线线位、管线平面等。

对管线选线的合理性评价，通过管网模拟 BIM 应用实现。在协同环境下，通过对现状、规划、管线线路等模型集成，对管线平面方案、给水水源、供水方式、排水体制、排放出路等设计方案进行可视化比选。相关 BIM 应用如表 4-3 所示。工艺专业可行性研究阶段审核内容主要包括：管网工程选线的合理性、用地情况、规模、总体方案布置合理性等。

表 4-3　可行性研究阶段工艺专业 BIM 应用

功能 / 需求	BIM 应用	应用描述	信息来源
设计建模	可视化建模	根据给水排水管网设计参数（气象信息、现状信息、设计参数）。建立可研深度模型	ID：1.1.0 ID：1.1.1 ID：1.2 1
供水分析	供水安全	对输水干管进行水力计算，经过技术经济比较确定经济管径；供水管网总体布置，是否能够满足在不同工况下的管网供水要求	ID：1.2.2
排水分析	排水路由	设计的分流（合流）排水管网，是否以合理方式，最优路由排出。管道衔接是否顺畅。雨水管网直排部分在受纳水体高水位时是否能顺利排出	ID：1.2.2 ID：1.1.1

（2）电气专业

电气可研模型（ID：1.3）主要表达管网中仪表系统等。模型精细度 LOD2.0，模型单元几何表达精度 G1。模型主要包括管网中仪表位置、监测项目等内容。

对管线中仪表设置的合理性评价，通过管网模拟 BIM 应用实现。在协同环境下，通过对现状、规划、管线线路等模型集成，对管线中仪表、监测等设计方案进行可视化比选。相关 BIM 应用如表 4-4 所示。

表 4-4　可行性研究阶段电气专业 BIM 应用

功能 / 需求	BIM 应用	应用描述	信息来源
仪表系统设计	仪表系统分析	提取现状信息以及工艺设备信息通过对管网布 置情况进行分	ID：1.1.0 ID：1.2

电气专业可行性研究阶段审核内容主要包括管网工程仪表、监测系统方案的合理性等。

3. 结构专业

结构专业在可行性研究阶段需要根据项目信息、现状模型和规划模型、工艺可研模型、电气可研模型进行结构专业设计。确定结构设计方案，进行附属构筑物结构形式选择等，根据设计结果建立结构可研模型（ID：1.5），并将建成的结构可研模型应用与结构分析模拟。相关 BIM 应用如表 4-5 所示。

表 4-5　可行性研究阶段结构专业 BIM 应用

功能／需求	BIM 应用	应用描述	信息来源
结构设计	结构设计	通过提取工艺模型中设计参数，进行参数化驱动，自动生成结构雏形，辅助设计师设计；确定并记录主要结构设计参数。设计方案，传递到后续初设环节	ID：1.21
场地设计	基坑支护方案 边坡挡墙方案	提取场地地质信息，以及管线、结构模型信息，分析管线及构筑物开挖面积及开挖深度，辅助设计师确定初步的基坑支护方案；提取场地地质信息，分析场地开挖范围及开挖深度，辅助设计师确定初步的场地环境边坡的支档方案	ID：1.1.1 ID：1.5

可行性研究阶段结构专业主要进行结构整体分析，确定承载力及可靠度是否满足设计要求。

结构专业可行性研究阶段校审内容主要包括结构计算原则、参数、荷载的合理性等。

4. 可行性研究阶段主要设计资料

可行性研究阶段管网工程设计资料由工艺专业进行收集和提供，主要设计资料由以下三部分组成，第一部分：工程概况、工程平面总图（包含地形信息）、周边市政管道的情况；第二部分：上阶段各评审报告、环评报告等，周边水体的水位（100 年一遇）、最高水位、最低水位、常水位；第三部分：地下管线资料、规划资料（红线）等。

可行性研究阶段管网工程设计可行性研究阶段基础资料信息（ID：1.1），由项目信息（ID：1.1.0）、现状模型信息（ID：1.1.1）和规划模型信息（ID：1.1.2）共同组成。

（1）项目信息（ID：1.1.0）

项目信息包括给水排水管网工程项目基本信息、建设说明、技术标准等，项目信息不以模型实体的形式出现，是项目级的信息，供项目整体使用。

主要技术标准信息包括设计流量、设计安全等级、设计基准期、抗震防烈标准、抗浮设计标准等。项目信息的具体信息元素根据管网工程可行性研究阶段所需要达到信息深度等级在附录 A 中查找取用。

（2）现状模型信息（ID：1.1.1）

现状模型信息包括设计项目工程范围内及周边的现状场地地形、现状场地地质、现状地面基础设施；如现状建筑物、构筑物、地面道路等；现状地下基础设施，如管线、线杆等；其他现状场地要素，如现状河道（湖泊）、林木、农田等。

（3）规划模型信息（ID：1.1.2）

规划模型信息主要包括规划道路、规划桥梁、规划综合管廊、规划地下管线及规划水系等与工程设计相关及影响工程设计的要素信息。

可行性研究阶段规划模型信息表格包含规划地面道路、规划地下管线等模型单元，其信息应储存于功能级模型实体中。

第四节　初步设计阶段交换信息

一、初步设计阶段设计原则

初步设计主要应明确工程规模、建设目的、投资效益、设计原则和标准，深化设计方案，确定拆迁、征地范围和数量。主要用于控制工程投资，满足编制施工图设计、招标及施工准备的要求。

工艺设计主要包括：给水排水管线平面、纵断等设计原则、设计方案等；电气设计主要包括：仪表、监测系统设计方案等；结构设计主要包括：收集并说明工程所在地工程地质条件、地下水位、冰冻深度、地震基本烈度等，确定附属构筑物的结构形式。

二、初步设计阶段设计流程

1. 工艺专业

工艺专业初步设计阶段 BIM 模型主要表达管线平面、纵断以及相应的附属设施设计。

初步设计阶段对应的审核内容主要包括管线总体设计，管线平面、纵断设计有无违反强制性规范条文，表达深度、标注尺寸等是否初步设计深度要求等。

2. 电气专业

电气初设模型（ID：1.3）主要表达管网中仪表系统等。模型精细度 LOD2.0，模型单元几何表达精度 G1。模型主要包括管网中仪表位置、监测项目等内容。

对管线中仪表设置的合理性评价，通过管网模拟 BIM 应用实现。在协同环境下，通过集成现状、规划、管线线路等模型，对管线中仪表、监测等设计方案进行可视化比选。

电气专业初步设计阶段设计模型主要在可行性研究阶段加深，主要包括信号电缆及线槽的线路的敷设位置、路径等各类信息。电气专业的审核内容包括管网工程仪表、监测系统方案是否满足国家和地方规范的要求等。

3. 结构专业

结构专业在初步设计阶段需要根据项目信息、现状模型和规划模型、工艺初设模型、电气初设模型进行结构专业设计。确定结构设计方案，进行附属构筑物结构形式选择等，根据设计结果建立结构初设模型（ID：2.5），并将建成的结构初设模型应用于结构分析模拟。初步设计阶段结构专业主要进行结构管道基础处理、管道开挖基坑支护、附属构筑物的结构设计。

结构专业初步设计阶段校审内容主要包括结构计算参数、荷载、结构计算书的内容是否正确等。

三、初步设计阶段主要设计资料

初步设计阶段主要设计资料与可行性研究阶段一样，由项目信息表格、现状模型信息表格、规划模型信息表格三部分组成。设计资料由工艺专业进行收集和提供。

初步设计阶段主要设计资料的模型精细度等级为 LOD2.0 及 LOD3.0，包含的最小模型单元为功能级及构件级模型单元。根据需要相应的几何表达精度为 G1 或 G2，部分构件如有需要，几何表达精度可以精确到 G3 级，信息深度等级原则上 N2 级即可，根据具体工程应用需要有些要素信息可以补充到 N3 级。

初步设计基础资料信息表格 ID 编号为 2.1，与 BIM 设计总体流程中的初步设计基础资料 ID 编号相对应。初步设计基础资料信息表格由项目信息表格（ID：2.1.0）、现状模型信息表格（ID：2.1.1）和规划模型信息表格（ID：2.1.2）共同组成。

下面为给水排水管网工程初步设计阶段基础资料推荐使用的信息深度等级和几何表达精度等级。

1. 项目信息（ID：2.1.0）

项目信息包括给水排水管网工程项目基本信息、建设说明、技术标准等信息，项目信息不以模型实体的形式出现，是项目级的信息，供项目整体使用。主要技术标准信息包括设计流量、设计安全等级、设计基准期、抗震防烈标准、抗浮设计标准等。

2. 现状模型信息（ID：2.1.1）

现状模型信息包括设计项目工程范围内及周边的现状场地地形、现状场地地质、现状地面基础设施，如现状建筑物、构筑物、地面道路等；现状地下基础设施，如管线、线杆等；其他现状场地要素，如现状河道（湖泊）、林木、农田等。

现状模型信息表格包含场地地形、场地地质、现状建筑物等模型单元，其信息应储存于构件级模型实体中。

3. 规划模型信息（ID：2.1.2）

规划模型信息主要包括规划道路、规划桥梁、规划综合管廊、规划地下管线及规划水系等，并包含与工程设计相关及影响工程设计的要素信息。

初步设计规划模型信息表格包含规划地面道路、规划地下管线等模型单元，其信息应储存于模型实体中。

第五节 施工图阶段交换信息

1.施工图阶段设计原则

施工图设计应根据批准的初步设计进行编制，其设计文件应能满足施工招标、施工安装、材料设备订货、非标设备制作、加工及编制施工图预算的要求。

（1）给水排水管网总体布置方案应根据地形、道路、规划等情况进行统一布置，满足市政给水排水需要。

（2）尽量做到缩短管线长度、避开不良地质构造（地质断层、滑坡等）处、沿现有或规划道路敷设；减少拆迁、少占良田、少毁植被，保护环境；确保施工、维护方便，节省造价，运行安全可靠。

（3）平面位置和高程，应综合考虑地形、土质、地下水位、道路情况、原有的和规划的地下设施、施工条件方便养护管理等因素。

（4）通过采用有效措施，确保给水排水管网系统安全，避免产生水锤及负压，同时避免管道淤堵和雍水。

（5）管渠高程设计除考虑地形坡度外，还应考虑与其他地下设施的关系。

（6）给水排水管线应充分考虑人员安全，检查井等设施应安装防坠落装置。

（7）管道接口和基础形式应根据地质状况、地下水、管材等因素综合考虑确定。

（8）管道附属设施设计应以人为本，便于维护检修安全。

2.施工图阶段设计流程

（1）工艺专业

工艺专业施工图设计阶段 BIM 模型主要表达管线平面、纵断及附属构筑物等设施（达到大样图深度），以及相关控制建构筑物，现状管线及管线综合设计内容等。

施工图阶段对应的审核内容主要包括各项设计内容是否满足深度要求，有无违反强制性规范条文，图面表达、标注有无缺漏等。

（2）电气专业

电气专业施工图设计阶段设计模型主要在初步设计阶段上进一步深化，主要包括：在构筑物平面图和横断面图上添加安装布置及参数信息；预留控制和信号电缆、线槽穿墙的预留孔洞和安装的预埋件的各类信息；运行参数信息等。

电气专业的审核内容包括：仪表设备以及电缆敷设和材料的选择是否满足国家和地方标准及规范的要求；是否满足系统先进、可靠、高效、节能的要求；所列出的设计、施工安装验收、国家标准安装图集等依据是否有效等。

（3）结构专业

结构专业在施工图设计阶段需要根据项目信息、现状模型、规划模型、管线施工图模型、附属构筑物施工图模型并参考上一阶段初步设计共享模型进行结构专业设计，结构专业首先确定结构总体设计方案，在上一阶段设计的基础上深化，并将建成的结构模型进行结构分析模拟。

施工图阶段结构专业主要进行有限元分析和实体分析，通过分析模拟确定是否满足结构承载力及可靠度设计要求。

结构专业施工图阶段校审内容主要包括结构计算参数、荷载、结构计算书等内容是否正确等，各项设计内容是否满足深度要求，有无违反强制性规范条文，图面表达、标注有无缺漏等。

3. 施工图阶段主要设计资料

施工图设计阶段主要设计资料与可行性研究阶段和初步设计阶段一样，由项目信息表格、现状模型信息表格、规划模型信息表格三部分组成。

施工图设计阶段主要设计资料的模型精细度等级为 LOD2.0 及 LOD3.0，包含的最小模型单元为功能级及构件级模型单元。根据需要相应的几何表达精度为 G1 或 G2，如需要部分构件的几何表达精度可以精确到 G3 级，信息深度等级原则上 N2 级即可，根据具体工程应用需要有些要素信息可以补充到 N3 级。

施工图基础资料信息表格 ID 编号为 3.1，与 BIM 设计总体流程中设计资料中的施工图基础资料 ID 编号相对应。施工图基础资料信息表格由项目信息表格（ID：3.1.0）、现状模型信息表格（ID：3.1.1）和规划模型信息表格（ID：3.1.2）共同组成。

下面为给水排水工程施工图设计阶段基础资料推荐使用的信息深度等级和几何表达精度等级。

（1）项目信息（ID：3.1.0）

项目信息包括给水排水管网工程项目基本信息、建设说明、技术标准等，项目信息不以模型实体的形式出现，是项目级的信息，供项目整体使用。

主要技术标准信息包括设计流量、设计安全等级、设计基准期、抗震防烈标准、抗浮设计标准等。项目信息的具体信息元素根据施工图所需要达到信息深度等级在附录 A 中查找取用。

（2）现状模型信息（ID：2.1.1）

现状模型信息包括设计项目工程范围内及周边的现状场地地形、现状场地地质、现状地面基础设施；如现状建筑物、构筑物、地面道路等；现状地下基础设施，如管线、线杆等；其他现状场地要素，如现状河道（湖泊）、林木、农田等。

现状模型信息的具体信息元素应根据施工图所需要达到信息深度等级在附录 B 相应表格中查找取用。现状模型的模型单元几何表达精度应根据施工图所需达到的几何表达精度等级按照附录 T：表 T–1 的规定建模。

（3）规划模型信息（ID：2.1.2）

规划模型信息主要包括规划道路、规划桥梁、规划综合管廊、规划地下管线及规划水系等与工程设计相关及影响工程设计的要素信息。

第六节　BIM 应用信息交换模板

为了方便、准确地提供BIM应用信息,采用BIM应用信息交换模板方式提取相关信息,交换模板确定 BIM 在应用过程中所需要的全部信息,为不同参与方利用信息交换提供一致、准确、完整信息环境。

1.施工图阶段工艺专业主要设备工程量统计

应用不同,所要提取的信息也不同。当进行工程量统计应用时,工艺专业主要设备需要提取信息如表 4-1~ 表 4-3 所示。

表 4-1　主要设备工程量统计信息交换模板

设备构件	信息交换模板	应用
管道及附件	施工图设计阶段工艺专业管道及附件工程量统计元素信息交换模板	工程量统计
阀门	施工图设计阶段工艺专业阀门工程量统计元素信息交换模板	工程量统计

表 4-2　工艺专业管道及附件工程量统计单元信息交换模板

模型单元	几何表达精度	信息字段	参数类型	单位 / 描述	信息来源
管道、附件（三通、四通、接头、弯头、法兰、套管）	G3	名称	文字	如 90° 弯头。等径三通等	ID: 3.2
		编号	数值	对每一构件进行编号。便于统计	
		公称直径	长度	mm	
		管壁厚度	长度	mm	
		材质	枚举型	如 PPR、UPVC 等	
		压力等级	压强	MPa	
		数量	整数	个	

表 4-3　工艺专业阀门工程量统计信息交换模板

模型单元	几何表达精度	信息字段	参数类型	单位 / 描述	信息来源
阀门（止回阀,蝶阀,闸阀,排泥阀,呼吸阀,球阀,套筒阀,刀闸阀）	G3	名称	文字	升降式止回阀,旋启式止回阀等	ID: 3.2
		编号	数值	对每一构件进行编号。便于统计	
		扬程	数值	m	
		功率	功率	kW	
		流量	流量	M^3/h	
		压力等级	压强	MPa	
		材质	枚举型	如 PPR、UPVC 等	
		重量	数值	kg	
		数量	整数	个	

2. 初步设计阶段可视化展示

初步设计阶段进行可视化展示应用时，各类设备构件应提取信息如表 4-4～表 4-6 所示。

表 4-4 构件可视化信息交换模板

设备及构件	信息交换模板	应用
管道及附件	初步设计阶段工艺专业管道及附件可视化应用信息交换模板	可视化展示
阀门	初步设计阶段工艺专业阀门可视化应用信息交换模板	可视化展示
土建通用构件	初步设计阶段土建通用构件可视化应用信息交换模板	可视化展示

表 4-5 工艺专业管道及附件可视化应用信息交换模板

模型单元	几何表达精度	信息字段	参数类型	单位/描述	信息来源
管道、附件（三通，四通，接头，弯头，法兰，套管）	G2	名称	文字	如 90° 弯头等径三通等	ID: 2.2
		编号	数值	对每一构件进行编号，便于统计	
		构筑物	文字	排气阀井。检查井等	
		位置	三维点	（X，Y，Z）	
		公称直径	数字	mm	
		管线走向	文字	描述给水、排水管道走向	
		管壁厚度	长度	mm	
		保温厚度	长度	mm	
		材质	枚举型	如 PPR. UPVC 等	
		专业	枚举型	给水排水、电气、结构等	
		系统	枚举型	给水、污水、雨水系统等	
		子系统	文字		

表 4-6 工艺专业阀门可视化应用信息交换模板

模型单元	几何表达精度	信息字段	参数类型	单位/描述	信息来源
阀门（止回阀、蝶阀、闸阀、排泥阀、呼吸阀、球阀、套筒阀、刀闸阀）	G2	名称	文字	升降式止回阀、旋启式止回阀等	ID: 2.2
		编号	数值	对每一构件进行编号，便于统计	
		构筑物	文字	排气阀井、检查井等	
		位置	三维点	（X，Y，Z）	
		几何轮廓	数字	—	
		公称直径	文字	mm	
		材质	枚举型	如 PPR. UPVC 等	
		专业	枚举型	给水排水、电气、结构等	
		系统	枚举型	给水、污水、雨水系统等	
		子系统	文字		

第七节　给水排水管网工程 BIM 应用案例

一、智慧水务系统在城市供水中的应用

1. 城市智慧水务系统的建设路径

（1）智慧水务的总体框架

城市智慧水务系统的总体框架主要是由应用层以及用户层两部分组成的。其中，用户层主要是由管理人员、业务人员以及公众人员组成，这样就能有效地实现信息的自动采集，从而不断地完成相应的集成管理的目标。

此外，智慧水务系统的建立还有效地拉近了水务部门与其他部门之间的关系，并有效地缩短了与大众之间的距离，这样就能帮助水务部门能够及时地了解到大众的需求，从而提高整个水务工作的开展效率。智慧水务系统中的应用层还能有效地实现水务业务方面的集成化管理，这样就能不断地提高整个水务工作开展的科学性以及合理性。而水务方面的管理工作主要就包括：水工安全管理、水生态管理、城市供排水管理，以及防汛减灾管理等几个方面。因此，在建设城市智慧水务系统时，就应综合考虑城市发展的各个方面，这样才能不断地促进智慧水务系统的制定，能够更加为相关水务工作的展开提供服务。

（2）信息采集传输层

智慧水务系统信息采集传输层主要是运用了物联网技术，而物联网的建立也主要是在互联网的基础上而建立起来的。其中，物联网主要就是指物物都能够相连的网络。而智慧水务系统的物联网技术可以有效地借助相关的网络设备、数采模块，以及现场仪表等设备来有效实现对城市水资源信息的实时监测，这样就能不断地保障整个城市水资源使用的安全性。此外，随着科技技术的不断快速发展以及互联网技术的不断更新，现在的物联网领域也逐渐地向互联网无法企及的方向发展，进而也就能在一定程度上有效地带动整个城市朝着更加高效化以及信息化的方向发展。

（3）数据层

数据层是整个智慧水务系统的核心，它包含大量的数据信息，也是整个智慧水务系统的主要信息来源。因此，为了有效地提高智慧水务系统的使用效果，相关人员就应首先建立较为完整的数据库以及基础设施，这样就能有效促进数据层的资源整合，从而不断地为相关业务应用活动的展开提供一定的数据支持。此外，随着城市化发展进程的不断加快以及人们生活水平的不断提高，未来智慧水务系统的发展应更加朝着对水务业务方面进行数据挖掘的方向发展，这样才能不断地完善整个智慧水务系统，才能更好地为人们的用水提供便利。

（4）门户层

城市智慧水务系统的门户层主要就是指：行业门户与公共信息门户两种。其中，管理人员主要负责对内部门户的有效维修，而业务人员可以通过行业门户来有效地实现与其他业务人员之间的沟通与交流，这样就能有效地促进相关水务工作的高效展开，从而不断地提高智慧水务系统的服务水平。此外，公共信息门户的建立，可以为城市用户的咨询提供一条信息渠道，这样就能不断帮助用户及时地获取水务管理方面的信息，从而不断地促进公众能够积极地参与到水务建设中来，以此提高整个水务工作开展的公开性、透明性与有效性。

（5）数据管理平台

建立数据管理平台的主要目的就是有效地将系统中的数据信息进行整理与存储，这样不仅可以有效地促进相关水务工作的有序展开，而且还能为其他部门提供数据需要。其中，数据管理平台对于数据进行整合的作用主要表现在两个方面：第一，通过数据管理平台对数据的有效整合，可以保证整个数据的存储完整性，并可以及时地将数据进行备份与存储，从而提高数据存储的安全性；第二，通过数据管理平台的数据整合，还能有效地实现数据集约化管理，这样就能不断地节约存储空间，从而降低数据的存储成本。因此，数据管理平台的建立对于有效地提高数据存储的安全性以及促进相关水务工作的展开都具有至关重要的作用。

2. 智慧水务系统在城市供水中的实际应用

城市智慧水务系统的建立，不仅可以实现对资源的有效整合，而且还能促进城市的快速稳定发展。以下针对智慧水务系统在城市供水中的实际应用展开具体的分析与讨论。

（1）建立供水管理智慧服务平台

为了促进智慧水务系统在城市供水系统中的有效应用，就应利用数字化技术、网络技术等来建立供水管理智慧服务平台，这样就能不断地促进数字化供水体系的建立，以此实现资源信息共享以及视频监控的功能。此外，供水体系的建立还能有效地为相关人员业务活动的办理提供便利，这样就能不断地提高水务工作的开展效率。此外，在建立供水管理智慧服务平台时，还应综合人们的实际生活需求，这样就能不断地促进水务工作的展开，能够更加便民化及人性化，从而为人们的用水提供更加便利的服务。

（2）信息资源系统的建立

信息资源系统的建立也是影响城市智慧水务系统使用质量的关键因素。随着我国城市化建设进程的不断加快，加大了对水务系统的资金投入与管理力度，但是，其大多都集中在工程项目的建设方面，对于信息系统以及系统结构框架方面的投入却很少，这样也就影响了整个智慧水务系统的使用效率。因此，我们就应不断地建立信息资源系统，这样就能有效地促进城市水务工作的高效展开，从而不断地为人们的用户提供更加便利化的服务。

二、定位技术在智慧水务系统中的应用

随着我国城镇信息化的不断推进，对于水务信息化的需求越来越大，智慧水务成为发展必然。自 2008 年智慧城市的概念提出之后的十四年来，世界各地都将建设智慧城市纳为下一步的城市发展方向。智慧水务正是智慧城市建设其中的重要一环，是城市智慧管理的重要组成部分之一。所谓智慧水务就是通过信息化技术方法，利用水质、水压、水表的水流量等在线检测设备、无线网络实时感知城市供排水系统的运行状态，形成"城市水务物联网"。通过对海量水务信息实时分析处理，为水务系统的整个生产、管理和服务提供一种精细实时和动态直观的数据处理结果，从而来对城市的供水、排水、污水收集处理、再生水综合利用等过程进行智能化管理。最后再利用处理后得到的结果为用户提供决策建议，从而达到"智慧"的状态。

伴随着智能设备和智能手机飞速发展的推动，移动互联网正在飞速的普及和发展，人们对基于位置的服务（LBS）的需求大大地增加，特别是来到一个不熟悉的或者复杂的环境，人们往往需要通过智能手机及设备来进行准确的定位。而在传统的水务系统的一些场景中，比如，供水厂、污水区、取水区、发电厂等，对 LBS 的支持不全面，往往只有一些通过 GPS 等定位系统对室外环境的定位。但在室内环境中，GPS 这些定位系统无法提供室内精确定位，而且在室内环境中误差相当大，甚至有时误差到几百米。所以为了使智慧水务系统对 LBS 的支持更加全面，使得智慧水务系统管理得更加精细和动态。不仅需要利用 GPS 等室外定位技术来进行室外人员的定位，也需要通过室内定位技术来对水务系统中室内环境的资产以及人员进行智慧管理。同时，还要融合这两种定位方式，以达到定位信号能够在水务系统各个场景全覆盖，且在不同场景下的定位方式能够平滑连接和无缝过渡，最终实现无时间、无地域限制的定位。

目前的水务系统的定位服务基本是依靠 GPS 来实现的，但是在整个水务系统中除了室外环境，还存在大量的室内环境。在室内环境时，仅使用 GPS 是无法实现精确定位的，而且在室内环境，对于定位精确度的要求相较于室外环境是不同的。室内最少要求米级的定位精度，而室外定位精度一般在 10 米左右就可以满足定位需求，所以需要在水务系统中对室内定位技术进行研究，为水务系统提供完善的室内定位服务。

相较于其他作业系统，水务系统对于安全性和工作效率的要求较高。在定位对象方面，既要对人员进行定位，又要对位置固定的物料等定位，和移动物品（如物料小车、工具等）的定位。而且为了安全，在人员定位方面，既要对本单位员工进行定位，也要对外来人员定位，定位起来较为困难。若能对水务车间内所有人员和资源进行实时监控与管理，这将会使车间生产更加有序，大大提高安全性和生产效率。

通过对于水务系统场景的调研分析，仅仅依靠单独的室外定位服务或者室内定位服务是无法满足水务系统的定位需求的，因为在水务系统中，存在很多室内外环境并存的场景。

由于室内外定位采用的定位系统不同，所以当人员或者资产在室内外场景移动时，需要有完善的切换方案来实现室内外定位系统之间的切换。

智慧水务系统是水务管理为基础，监控、定位等物联网技术为辅的综合系统，主要以水务系统中的工作人员为服务对象。通过物联网传感器技术获取水务系统生产过程中的各项数据，来对整个系统实行更加精细、动态的管理，定位数据就是水务系统中需要获取的数据之一。依靠这些定位数据，可在水务系统中实现人员实时定位、区域智能监督、资产安全管理、设备维修导航、工具防遗失、危险药品监督等功能。如何有效地利用这些定位数据，是落实智慧水务的重要一步。

关于水务系统应用环境下定位服务的功能，以定位的对象来进行划分。主要分为两种：第一种是以人员为定位对象实施定位服务的人员定位服务系统；第二种是以资产设备为对象进行定位服务的物品定位服务系统。

1. 人员定位

目前智慧水务系统下的几个重要的子系统，比如，发电站监测及管理系统、泵站监测节能及预警系统、水厂自动化系统等。这些子系统对应管理的场景分别是发电站、泵站，以及水厂。这些水务系统下的应用场景由于其特殊性均需要完善的人员定位服务功能。从而实现更加智能、直观的监测以及管理，方便用户了解所在的工作场景，为管理者管理对应的所负责区域提供便捷。通过分析调研，人员定位服务所需的具体功能如下：

（1）工作人员实时定位

水务系统下各场景的工作人员是人员定位系统服务的主要对象。对于工作人员来说，手机是有效获取个人定位信息的途径，水务系统下的工作人员通过智能手机接收定位所需的各项参数值（比如，GPS信号、蓝牙信号、WLAN信号等），通过手机客户端或者远程服务器端的复杂计算得出所需的定位结果。

在此定位基础上，工作人员可以随时了解自身所在的区域位置，将自身与所在工作场景紧密联系起来。在遇见紧急状况时将所在位置发送给管理者，管理者可以第一时间根据定位位置实施援助，提高水务系统解决问题的效率。

（2）区域智能监督

在所有工作人员均可实现实时定位的基础上，根据工作人员职责的不同，来对水务系统下的各工作场景进行划分，不同人员在不同场景权限有所差异。当有人员在未授权的情况下进入某区域，或超时滞留、长时间静止不动，系统会自动启动预警，通知管理者。此外，管理者还可以通过对所负责区域的流动人员进行移动轨迹追踪，通过查看其在该区域滞留时长、行走路线等数据，来对工作人员工作状态实施监督，从而提升工作流程效率。

（3）访客实时定位

对于访客这一用户角色来说，该实时定位功能最重要的是满足人员的定位导航，尤其像水厂、发电站这种大型且复杂的室内外并存的场景结构，访客可在该定位导航功能的帮助下，迅速前往目的地。该功能的重点在于用户的导航在室内外场景不断切换时，所参考依据的定位系统也在发生变化。为给用户提供良好的定位导航体验，该功能需要室内外无缝切换技术的支撑。

该功能除了给访客提供定位服务外，管理人员也可通过系统查看不同时刻访客的位置分布。利用访客实时的位置信息，定位系统可通过调用该位置附近的摄像头的方式，实时掌握访客动态。此外，还可在水务系统的一些重要区域设置区域监督，实现"越界预警、滞留预警"等功能。当访客在未授权的情况下进出这些区域，或在该区域停留过长时间，系统会立即预警以提醒非相关人员远离重要区域，并及时将区域附近状况报告给管理者，从而保障人员以及区域的安全。

2. 物品定位

与人员定位功能不同的是，物品定位服务无法依靠智能手机来接收定位所需参数。为解决定位所需参数获取问题，则需要通过在设备物品上附加定位标签来实现物品的实时定位功能。定位标签通过接收定位所需数据，通过对应基站将其定位数据传回服务器，通过服务器内部部署的程序进行演算得出定位结果，最后将定位结果展示给管理员，方便水务系统中对应物品管理者对所负责区域物品设备使用状况的清点和管理。通过对水务各子系统的分析调研，物品定位服务所需的具体功能如下：

（1）设备安全管理

该功能主要通过在设备上附加定位标签的模式来实现资产设备的安全管理。透过定位标签准确定位所有设备当前位置和历史活动轨迹，当水务系统工作人员需要使用到设备时，可通过该功能在后台快速获知所需设备位置，优化工作流程，提高水务系统工作效率。管理人员可在后台查看设备详细使用数据，对于闲置设备提高利用率，实现物资可视化管理。尤其在资产设备盘点清查时，可通过物品定位，快速查找到所需要清点的设备，大大提高清查效率。除此之外，当区域设备未经许可离开所在区域，第一时间通知相关负责人，利用定位快速找寻遗失设备，增加设备管理的安全性，降低设备的遗失率。

（2）设备维修定位导航

在实现设备安全管理的基础上，该功能主要利用需要维修或者报废需要替换的设备上的定位标签来标注维修人员的目的维修地点。在准确实时的定位下，通过维修定位设备导航，可实现快速准确的维修，尤其在外来维修人员不知水务系统具体场景地图的情况下。由于水务系统室内外场景多样化，维系定位导航牵扯到多场景的切换，为提高导航效率，该定位导航功能也需要室内外无缝切换技术的支撑。

（3）物料和危险药品定位

物料是水务系统下污水处理厂、水厂纯净水生产线等生产过程中必不可少的资源。在生产流程中，物料的缺乏或者不及时供给会给减缓整个生产过程，造成生产效率的降低。而传统手工记录物料的方式容易造成物料的丢失和不足情况，所以需要对这些物料进行一定的定位监督，在获取物料定位信息的基础上进行物料位置的实时跟踪和物料状态的实时监控，从而在生产过程中可以根据各工作车间的物料所需进行合理分配和有效管理。

危险药品定位功能主要针对的场景是水厂的加药间，加药间中大部分药品属于危险物品。若不对这些药品采取定位监控，则可能会因为药品处理不当而造成危险。与设备定位类似，危险药品的定位也是依靠定位标签实现的。通过给危险药品添加定位标签，实现其在加药间的实时定位。这样工作人员可在后台实时监控所有危险药品的当前位置，一旦出现危险药品脱离安全区域可及时通知管理人员，保证加药间的生产安全。

（4）配送小车定位

配送小车在水务系统整个生成过程中起到了极为重要的作用，它既需要及时地将物料从储藏区域运送到生产车间，还需要将生产后的成品运送到仓库；此外，加药间加药后废弃的药品也需要配送小车运送到处理地点。因为这些物料、药品均是水务系统中重要的生产资料，所以这些配送小车的全局定位是必需的。这样管理人员可以根据小车的定位信息，时刻了解小车的位置和工作状态，从而选择合适的配送小车完成运送任务。

因为配送小车总是穿梭于各个工作车间之中，所以这些小车需要有室内外无缝定位的功能。这样可对整个物料以及废弃药品从使用到废弃流程形成一个完整的室内外移动轨迹对接，从而杜绝物料的遗失和废弃药品的外泄。

（5）工具定位

工具定位的主要目的是通过对所有工具添加定位标签，实现水务系统工具的统一管理。依靠该功能，员工在需要使用某类型工具时，可快速查找到该工具并提交使用申请；管理者在审批后，可实时监控工具的位置信息及其使用状态，避免工具的不当使用，减少工具的损耗。此外，当工具长时间滞留某区域时，可及时提醒使用者归还工具，提高了工具的使用效率，并防止了工具的遗失。

三、给水排水管网工程智慧 BIM 应用案例

前面对给水排水管网系统设计阶段的交换信息以及 BIM 应用信息模板进行了详细介绍，如何合理运用以上信息为项目服务，下面将以污水管道工程的工程量统计和碰撞检查为例，说明信息交换模板的使用方法。

1. 工程概述

本项目设计范围为吉林省永吉县岔路河镇的多美歌大街（老 302 国道—金贸路）道路下的污水管线工程。工程概况如下：

（1）设计流量：本工程污水远期总设计流量为 3.80 万 m^3/d，综合生活污水总变化系数为 1.3，最高日最高时污水量为 4.94 万 m^3/d。

（2）管材：排水管管材选用高密度聚乙烯（HDPE）双壁波纹排水管，承插胶圈接口，砂石基础。

（3）管线敷设：污水管线布置结合地形及道路竖向，沿道路敷设，汇入污水主干管线后流入污水提升泵房，提升至鳌龙河污水处理厂，经处理达标后，排至鳌龙河。

（4）设计管径：DN300。采用 Revit 软件对方案阶段的模型进行深化，并根据施工图设计的精度要求，设计模型的精度达到 LOD3.0 级，单元构件的几何表达精度达到 G3 级，信息深度等级达到 N3 级。

具体过程包括以下几方面：在 Revit 中进行模型整合；在 Revit 和 Navisworks 中分别进行碰撞检查；修改模型以达到设计精度；统计工程量。

2. 应用分析

在传统设计流程中，工程量统计所占用的时间较长、统计误差大，而 BIM 设计可以实现工程量统计的自动化，且精度较高。此外，传统设计过程中，有些碰撞问题难以发现，而基于 BIM 的碰撞检查可以有效减少设计疏漏、提高设计质量。因此，本工程 BIM 技术主要应用在工程量统计和碰撞分析两个方面。根据施工图设计的精度要求，设计模型的精度达到 LOD3.0 级，单元构件的几何表达精度达到 G3 级，信息深度等级达到 N3 级。

（1）施工图设计阶段工程量统计

施工图设计阶段需要更精细的表达，涉及的参数更加具体。根据施工图设计阶段工程量统计的信息交换模板，通过在软件中筛选构件相应信息，形成施工图阶段管道工程的工程量统计表。

（2）施工图设计阶段碰撞检查

利用碰撞检查工具处理设计阶段存在的碰撞问题，不但能够提高设计质量，而且极大地减少了施工阶段的设计变更。本工程进行如下碰撞检查：污水管线分别与给水管线、雨水管线和雨水检查井等进行碰撞检查；雨水管线分别与给水管线、污水检查井进行碰撞检查。

通过碰撞检查发现，多美歌大街与长沙路交叉叉口 DN300 污水管道与 DN300 的给水管道发生碰撞，处理方法是提升给水管道位置，使其在竖向上避开污水管道。

第五章　城市给水管网运行管理及养护

整个城市排水系统的管理养护组织一般可分为管渠系统、排水泵站和污水厂三部分。工厂内的排水系统，一般由工厂自行负责管理和养护。在实际工作中，管渠系统的管理养护应实行岗位责任制，分片包干。同时，可根据管渠中沉积污物可能性的大小，划分成若干养护等级，以便对其中水力条件较差，管渠中污物较多，易于淤塞的管渠区段给予重点养护。本章主要对城市给水管网运行管理及养护技术进行详细的讲解。

第一节　给水管道工程的竣工验收

一、给排水管道工程验收

工程验收制度是检验工程质量必不可少的一道程序，也是保证工程质量的一项重要措施。如质量不符合规定时，可在验收中发现并处理，避免影响使用和增加维修费用。因此，必须严格执行工序验收制度。

给排水管道工程验收分为中间验收和竣工验收，中间验收主要是验收埋在地下的隐蔽工程，凡是在竣工验收前被隐蔽的工程项目，都必须进行中间验收，验收合格后，方可进行下一工序。当隐蔽工程全部验收合格后，方可回填沟槽；竣工验收就是全面检验给水排水管道工程是否符合工程质量标准，不仅要查出工程的质量结果，更重要的是，还应该找出产生质量问题的原因，对不符合质量标准的工程项目必须经过整修，甚至返工，再经验收达到质量标准后，方可投入使用。

给排水管道工程竣工验收以后，建设单位应按规范规定的文件和资料进行整理、分类、立卷归档。这对工程投入使用后维修管理、扩建、改建，以及对标准规范修编工作等有重要作用。

给排水管道工程施工及验收除应符合《给水排水管道工程施工及验收规范》的规定外，还应符合国家其他现行的有关标准及规范、规程的规定。

1. 隐蔽工程验收

验收下列隐蔽工程时，应填写中间验收记录表：管道及附属构筑物的地基和基础；管道的位置及高程；管道的结构和断面尺寸；管道的接口、变形缝及防腐层；管道及附属构筑物防水层；地下管道交叉的处理情况。

2. 竣工验收

竣工验收应提供下列资料：竣工图及设计变更文件；主要材料和制品的合格证或试验记录；管道的位置及高程的测量记录；混凝土砂浆、防腐、防水及焊接检验记录；管道的水压试验记录；中间验收记录及有关资料；回填土密实度的检验记录；工程质量检验评定记录；工程质量事故处理记录；给水管道的冲洗及消毒记录。

3. 竣工验收鉴定

竣工验收时，应核实竣工验收资料，并进行必要的复验和外观检查。对下列项目应做出鉴定，并填写竣工验收鉴定书；管道的位置及高程；管道及附属构筑物的断面尺寸；给水管道配件安装的位置和数量；给水管道的冲洗及消毒；外观。

管道工程竣工验收后，建设单位应将有关设计、施工及验收的文件和技术资料立卷归档。给排水管道工程施工应经过竣工验收合格后，方可投入使用。

二、给水管道工程质量检查

1. 质检的目的与依据

把好给水管道工程的质量关，是给排水系统正常运行的前提。一项工程从审批、设计到施工等都应符合国家有关标准、给排水专业规范以及主管部门的相关规定及要求。质检的目的在于控制给水管道工程的施工质量，保证给水管道系统安全运行，减少维修工作量，并为城市规划建设提供准确的第一手资料。质检依据现行国家有关标准、给排水专业规范、主管部门的相关规定及要求进行。国家标准是国家法规，必须严格遵照执行；专业规范是对设计、施工等提出的常规做法及要求，通常情况下应遵照执行；主管部门依据国家标准及专业规范，结合当地的实际情况，制定了一系列的规章制度，应遵照执行。

2. 质检的程序及内容

（1）审查设计

根据规划及设计方案制定人员的审批内容，审查设计管道的位置、管径、长度及管道附件的数量、口径等；审查设计是否符合国家标准、专业规范及主管部门的规定。对给水管网设计方案的几点特殊要求是：

1）为了减少维修工作量，应避免在同一条规划道路的一侧或一条胡同内同时存在两条可接用户的配水管道，要求在设计新管道时对现状管道的连通、撤除做出设计，解决现状管网不合理之处，为今后的管理创造良好条件。

2）特别注意设计管道有无穿越房屋或院落的情况，如果有，应落实拆迁或调整管道位置。

3）审查管道附件的设置是否合理，包括消火栓、闸门、排气门、测流井和排泥井。

4）管道在立交桥下或其他不能开挖修理的路面下埋设时要考虑做全通或单通行管沟，

以便维修。

5）室外管道与建筑物距离一般为距楼房 3m 以外、距平房 1.5m 以外；对于公称直径为 400mm 及 400mm 以上的大管道，应距建筑物 5m 以外。

（2）参加设计交底

听取设计人员说明设计依据、原则以及内容；听取施工单位的疑难问题；对于审查设计中发现的问题明确提出要求和改进意见。对使用的管材、管件和管道设备的型号、生产厂家，以及防腐材料的选择等提出要求；要及时将审查设计中发现的问题通知设计和施工单位；对于较大问题，在与设计和施工单位统一意见后，要通过设计变更或洽商的方式给予解决。

3. 验收过程

室外管道施工逐项验收以下内容：

（1）验槽

测量定线的工程，按规划批准的位置和控制高程开槽；非测量定线的工程，按设计位置和高程开槽。

如用机械挖槽不应扰动或破坏沟底土壤结构。管道如安装在回填土等土质不好的地方要采取相应措施，保证不会因基础下沉或土质腐蚀使管道受到影响。

（2）验管

如下管之前需检查球墨铸铁管或普通铸铁管的规格、生产厂家、外观及防腐等；检查非金属管道的规格、生产厂家、外观等；检查钢管的钢号、直径、壁厚及防腐等。下管时用软带吊装以防破坏管道外防腐；承插口管道注意大口朝来水方向。下管后检查球墨铸铁管及普通铸铁管的接口质量；DN400 及以上铸铁管的弯头、三通处要砌后背或支墩；钢管要检查焊口质量、接口的防腐处理，施工当中破坏的防腐层要重新防腐。检查外防腐可以使用电火花仪；检查焊口用 X 射线检测仪。

（3）管道强度试验及严密性试验

给水管道应做强度试验及严密性试验。室外管道严密性试验前，除接口外，管道两侧及管顶以上回填高度不应小于 0.5m。在水压不足的地区，当管道内径大于 700mm 时，可按井段数量抽验 1/3。试验合格后，应及时回填其余部分。

（4）沟槽回填验收

管道安装并进行隐蔽工程验收后，可回填沟槽。土方的回填质量以回填土的测定密实度为标准，一般用单位测重比较法，用环刀取出土样并称重量，然后和标准密实度的土样重量相比较。

密实度控制 = 回填土干容量（干质质量）/ 标准夯实仪所测定的最大干容量（干质质量）

（5）冲洗消毒

给水管道水压试验后，竣工验收前应冲洗、消毒。冲洗时应避开用水高峰，以流速不小于 1.0m/s 的水连续冲洗，直至出水口处浊度、色度与入水口处的进水浊度、色度相同为止。为保证冲洗质量，采用清洁水冲洗的同时，出水口设专用取水管及龙头。冲洗后，管道应采用氯离子含量不低于 20mg/L 的清洁水浸泡 24h，再用清洁水进行第二次冲洗直至水质化验部门取样化验合格为止。

（6）竣工验收

在以上各项验收的基础上，要对工程进行竣工验收。竣工验收合格后，可以正式通水。竣工验收包括：各种井室（闸门井、消火栓井、测压测流井及水表井）的砌筑是否符合要求；设备安装是否合格；管道埋深是否符合要求；管道有无被圈、压、埋、占的地方。

4.竣工图纸资料的验收

（1）技术文件资料

1）竣工文字总结。凡在规划道路上安装的测量定线工程,都要编制正式竣工文字总结。包括以下内容：工程概况，施工过程（开工、竣工日期、施工组织设计、技术措施、重要情况及解决措施等），工程质量，主要经验教训、存在问题以及处理意见，其他需要说明的问题。

2）各种批文。包括规划部门的施工许可证、各主管部门的批文等。

3）各种记录。设计变更洽商记录，隐蔽工程验收记录，管材、钢管内外防腐及需要先验收的分项验收记录水压试验及渗水量试验记录等。

4）监理表格。

5）工程决算。

6）竣工验收鉴定书。

（2）竣工图纸

包括竣工平面图，竣工纵断面图，管件结合图，特制件标准图，各种井室及管沟的标准图三通、弯管、闸门等基础、后背、支墩等的标准图和测量结果等。

第二节　给水管网系统的资料管理

一、给水管网技术资料管理

1.管网建立档案的必要性

城市给水管网技术档案是在管网规划、设计、施工、运转、维修和改造等技术活动中形成的技术文献，它具有科学管理、科学研究、接续和借鉴、重复利用和技术转让、技术传递及历史利用等多项功能。它由设计、竣工、管网现状三部分内容组成，其日常管理工作包括建档、整理、鉴定、保管、统计、利用六个环节。

建档是档案工作的起点,城市给水管网的运行可靠性已成为城市发展的一个制约因素。

因此，它的设计、施工及验收情况，必须有完整的图纸档案。并且在历次变更后，档案应及时反映它的现状，使它能方便地为给水事业服务，为城市建设服务。这是给水管网技术档案的管理目的，也是城市给水管网实现安全运行和现代化管理的基础。

随着我国经济的飞速发展，以及人民生活水平的不断提高，给水系统日趋完善，但仍然有很多普遍存在的问题，如设计、施工和管理质量差，重大事故较多，技术水平低，运行效率低，决策失误，大量资金浪费，等等。出现这种情况的原因，就是没有充分发挥管网技术档案的作用，找不到管网出毛病的准确原因。管网安全运行所采取的技术措施针对性较差，也就不会收到好的效果。因此，要想利用有限的资金，解决旧系统的运行困难，以及新系统的合理建设，兼顾近期和远期效益，迫切需要有完善的给水管网技术档案。

2. 给水管网技术资料管理的主要内容

管网技术资料的内容包括以下几部分：

（1）设计资料

设计资料既是施工标准又是验收的依据，竣工后则是查询的依据。内容有设计任务书、输配水总体规划、管道设计图、管网水力计算图、建筑物大样图等。

（2）施工前资料

在管网施工时，按照住房和城乡建设部颁布的《市政工程施工技术资料管理规定》及省市关于建设工程竣工资料归档的有关要求，市政给水管道应该按标准及时整理归档，包括以下内容：开工令，监理规划，监理实施细则，监理工程师通知，质量监督机构的质监计划书及质量监督机构的其他通知及文件，原材料、成品、半成品的出厂合格证证明书，工序检查记录，测量复核记录等。

（3）竣工资料

竣工资料应包括管网的竣工报告，管道纵断面上标明管顶竣工高程，管道平面图上标明节点竣工坐标及大样，节点与附近其他设施的距离。竣工情况说明包括：完工日期，施工单位及负责人，材料规格、型号、数量及来源，槽沟土质及地下水情况，同其他管沟、建筑物交叉时的局部处理情况，工程事故处理说明及存在隐患的说明；各管段水压试验记录，隐蔽工程验收记录全部管线竣工验收记录；工程预、决算说明书以及设计图纸修改凭证；等等。

（4）管网现状图

管网现状图是说明管网实际情况的图纸，反映了随时间推移，管道的减增变化，是竣工修改后的管网图。

1）管网现状图的内容

总图包括输水管道的所有管线，管道材质、管径、位置，阀门、节点位置及主要用户接管位置。用总图来了解管网总的情况并据此运行和维修，其比例为1：2000～1：10000。方块现状图。应详细地标明支管与干管的管径、材质、坡度方位，节点坐标、位置及控制尺寸，埋设时间，水表位置及口径。其比例是1：500，它是现状资料的详图；用户进水管卡片。卡片上应有附图，标明进水管位置、管径、水表现状、检修记录等。要有统一编号，专职统一管理，经常检查，及时增补；阀门和消火栓卡片。要对所有的消火栓和阀门进行编号，分别建立卡片，卡片上应记录地理位置，安装时间、型号、口径及检修记录等；竣工图和竣工记录；管道越过河流、铁路等的结构详图。

2）管网现状图的整理

要完全掌握管网的现状，必须将随时间推移所发生的变化、增减及时标明到综合现状图上。现状图主要标明管材材质、直径、位置、安装日期和主要用水户支管的直径、位置，供管道规划设计用。标注管材材质、直径、位置的现状图，可供规划、行政主管部门作为参考的详图。在建立符合现状的技术档案的同时还要建立节点及用户进水管情况卡片，并附详图。资料专职人员每月要对用户卡片进行校对修改。对事故情况和分析记录、管道变化阀门、消火栓的增减等，均应整理存档。为适应快速发展的城市建设需要，现在逐步开始采用供水管网图形与信息的计算机存储管理，以代替传统的手工方式。

二、给水管网地理信息系统

1. 地理信息系统

地理信息系统简称为 GIS。GIS 是由计算机硬件、软件和不同的方法组成的系统，该系统设计用来支持空间数据的采集、管理、处理、分析和显示，以便解决复杂的规划和管理问题。

（1）地理信息系统的含义

1）GIS 由若干个相互关联的子系统构成，如数据采集子系统、数据管理子系统、数据处理和分析子系统、可视化表达与输出子系统等；

2）GIS 的技术优势在于它有效的数据集成、独特的地理空间分析能力、快速的空间定位搜索和复杂的查询功能、强大的图形可视化表达手段，以及空间决策支持功能等；

3）GIS 与地理学和测绘学有着密切的关系。地理学为 GIS 提供了有关空间分析的基本观点与方法，成为 GIS 的基础理论依托。

（2）地理信息系统的组成

一个实用的 GIS 系统，要支持对空间数据的采集、管理、处理、分析、建模和显示等功能。其基本组成一般包括以下五个主要部分：系统硬件、系统软件、空间数据、应用人员和应用模型。

（3）地理信息系统的功能

由计算机技术与空间数据相结合而产生的 GIS 技术，包含了处理信息的各种高级功能，但是它的基本功能是数据的采集、管理、处理、分析和输出。GIS 依托这些基本功能，通过利用空间分析技术、模型分析技术、网络技术、数据库和数据集成技术、二次开发环境等，演绎出丰富多彩的系统应用功能，满足用户的广泛需求。

2. 给水管网的地理信息系统

地理信息系统在水务领域的分支被称为给水管网地理信息系统。给水管网地理信息系统中图形与数据（如管线类型、长度、管材、埋设年代、权属单位、所在道路名等）之间可以双向访问，即通过图形可以查找其相应的数据，通过数据也可以查找其相应的图形。图形与数据可以显示于同一屏幕上，使查询、增列、删除、改动等操作直观、方便。

目前，许多专家在 GIS 技术应用于给水管网档案管理方面做了大量的研究，一些城市已建立给水管网图形信息管理系统，并积累了不少实际操作经验。

（1）供水管网地理信息系统的功能

通过 GIS 技术建立的给水管网信息系统一般可实现以下功能：

1）资料的电子化管理

利用电脑存储供水管网的改扩建、维修保养等工程竣工资料，可以避免纸质资料的遗失损坏；同时，实现资料的动态管理。大城市的供水网络纵横交错，管线数量庞大，管网管理难度大。以前大量的竣工资料和图表采取人工管理，存档在资料室。随着管网建设的不断发展和管理水平要求的不断提高，手工管理很难做到科学高效，各种资料容易损坏丢失，信息检索查阅也非常不方便，遇到紧急情况无法及时得到相关准确信息。传统的手工资料管理方式已不适应供水行业的发展需要。给水管网地理信息系统将管线的地理位置信息与属性信息相结合，通过资料输入、数据储存、数据库链接、信息查询、资料输出等一系列操作，可以给行业各部门提供高效准确的信息服务。

2）管网的查询、统计、计算和分析

利用 GIS 系统可以方便地对各种信息进行查询，如地名、管径、安装年限等。

3）管网故障分析与处理

当涉及管道作业时往往需要进行停水作业，这时必须认真查询信息系统上的用户信息，正确了解受影响用户的分布。通过模拟管网停水的关阀方案，可以准确显示停水区域图，给出停水预处理方案并帮助客户服务部门准确及时地通知受影响的用户，告知其停水的起止时间，提高服务水平。

4）GIS 系统是其他信息系统的基础，如水力模型等

水力模型的建立需要大量跟实际相符的用户信息和管网信息，地理信息系统可以为水力模型的建立提供重要的数据支持。

（2）供水管网地理信息系统的组成

供水管网地理信息系统包含的基本信息可归类为以下几点：

1）地理信息

管道所在的区号、街道名、下水道井盖位置，以及用户接口所在的建筑物门牌号等。

2）管网信息

管网位置信息、管道信息（直径、材料、连接口类型、支撑物类型、管道状况、支撑物状况、连接口状况、核对日期、核对性质、长度、铺设时间、铺设动因、更新日期、更

新的性质、项目编号等），以及管道之间的连接关系。

3）设备信息

类型、直径详细信息、编号、状态等。

4）维护信息

管网的维修养护信息，包括时间、地点、维修内容、竣工图等。

第三节　给水管网系统的监测检漏

一、给水管网水压和流量测定

1.管道测压和测流的目的

管网测压、测流是加强管网管理的具体步骤。通过它系统地观察和了解输配水管道的工作状况，管网各节点自由压力的变化及管道内水的流向、流量的实际情况，有利于城市给水系统的日常调度工作。长期收集、分析管网测压、测流资料，进行管道粗糙系数 n 值的测定，可作为改善管网经营管理的依据。通过测压、测流及时发现和解决环状管网中的疑难问题。

通过对各段管道压力、流量的测定，核定输水管中的阻力变化，查明管道中结垢严重的管段，从而有效地指导管网养护检修工作。必要时对某些管段进行刮管涂衬的大修工程，使管道恢复到较优的水力条件。当新敷的主要输、配水干管投入使用前后，对全管网或局部管网进行测压、测流，还可推测新管道对管网输配水的影响程度。管网的改建与扩建，也需要以积累的测压、测流数据为依据。

2.水压的测定

（1）管道压力测点的布设和测量

在测定管网水压时首先应挑选有代表性的测压点，在同一时间测读水压值，以便对管网输、配水状况进行分析。测压点的选定既要能真实反映水压情况，又要均匀合理布局，使每一测压点能代表附近地区的水压情况。测压点以设在大中口径的干管线上为主，不宜设在进户支管上或有大量用水的用户附近；测压点一般设立在输配水干管的交叉点附近大型用水户的分支点附近、水厂、加压站及管网末端等处。当测压、测流同时进行时，测压孔和测流孔可合并设立。

测压时可将压力表安装在消火栓或给水龙头上，定时记录水压，能有自动记录压力仪则更好，可以得出 24h 的水压变化曲线。测定水压，有助于了解管网的工作情况和薄弱环节。根据测定的水压资料，按 0.5~1.0m 的水压差，在管网平面图上绘出等水压线，由此反映各条管线的负荷。由等水压线标高减去地面标高，得出各点的自由水压，即可绘出等自由水压线图，据此可了解管网内是否存在低水压区。在城市给水系统的调度中心，为了及时掌握管网控制节点的压力变化，往往采用远传指示的方式把管网各节点压力数据传递到调度中心来。

（2）管道测压的仪表

管道压力测定的常用仪器是压力表。这种压力表只能指示瞬时的压力值，若是装配上计时、纸盘、记录笔等装置，成为自动记录的压力仪，它就可以得出24h的水压变化关系曲线。

常用的压力测量仪表有单圈弹簧管压力表，电阻式、电感式、电容式、应变式、压阻式、压电式、振频式等远传压力表。单圈弹簧管压力表常用于压力的就地显示，远传式压力表可通过压力变送器将压力信号远传至显示控制端。管网测压孔上的压力远传，首先可通过压力变送器将压力转换成电信息，用有线或无线的方式把信息传递到终端（调度中心）显示、记录、报警、自控或数据处理等。

现在许多自来水公司都配有压力远传设备，采用分散目标，无线电通道的数据及通话两用装置，把数十公里内管网测压点的压力等参数，以无线遥测系统的方法，远传到调度中心，并在停止数传时可以通话。

3.管道流量测定

管道的测流就是指测定管段中水的流向、流速和流量。

（1）测流孔的布设原则

1）在输配水干管所形成的环状管网中，每一个管段上应设测流孔，当该管段较长，引接分支管较多时，常在管段两端各设一个测流孔；若管段较短而没引接支管时，可设一个测孔，若管段中有较大的分支输水管时，可适当增添测流孔。测流的管段通常是管网中的主要管段，有时为了掌握某区域的配水情况，以便对配水管道进行改造，也可临时在支管上设立测流孔，测定配水流量等数据。

2）测流孔设在直线管段上，距离分支管、弯管、阀门应有一定间距，有些城市规定测流孔前后直线管段长度为30~50倍管径值。

3）测流孔应选择在交通不频繁、便于施测的地段，并砌筑在井室内。

4）按照管材、口径的不同，测流孔的形成方法也不同。对于铸铁管、水泥压力管的管道，可安装管鞍、旋塞，采取不停水的方式开孔；对于中、小口径的铸铁管也可不停水开孔；对于钢管用焊接短管节后安装旋塞的方法解决。

（2）测定方法

一般用毕托管测流，测定时将毕托管插入待测水管的测流孔内。毕托管有两个管嘴，一个对着水流，另一个背着水流，由此产生的压差h可在U形压差计中读出。

实测时，须先测定水管的实际内径，然后将该管径分成上下等距离的10个测点（包括圆心共11个测点），用毕托管测定各测点的流速。因圆管断面各测点的流速不均匀分布，可取各测点流速的平均值乘以水管断面积即得流量。用毕托管测定流量的误差一般为

3%~5%。除了用毕托管测流量外，还可用便携式超声波流量计、电磁流量计及其他新型的流量测量仪器，并可打印出流量、流速和流向等相应数据。

二、给水管网检漏

1. 给水管网漏水的原因

城市给水管网的漏水损耗是相当严重的，其中，绝大部分为地下管道的接口暗漏所致。据观察和研究，漏水有以下几个原因：管材质量不合格；接口质量不合格；施工质量问题：管道基础不好，接口填料问题，支墩后座土壤松动，水管弯转角度偏大，易使接头坏损或脱开，埋设深度不够；水压过高时水管受力相应增加，爆管漏水概率也相应增加；温度变化；水锤破坏；管道防腐不佳；其他工程影响；道路交通负载过大。如果管道埋没过浅或车辆过重，会增加对管道的动荷载，容易引起接头漏水或爆管。

2. 国内外给水管网漏水控制的指标

国际上衡量管网漏损水平有三个指标：

$$未计量水率=年供水量-年售水量/年供水量$$

也称漏耗率或损失率或漏损率。

$$漏水率=年漏水量/年供水量$$

这种方法在实际运用中不易计算，采用较少。

$$单位管长漏水率=漏水量/配水管长×时间$$

这种方法是目前国际上公认的比较合理的衡量管网漏损水平的指标。

供水损失量的定义是指供水总量和有效供水量之差。

供水损失率的定义为：

$$供水损失率=供水损失量/供水量×100\%$$

按照定义：

$$供水损失量=供水量-有效水量$$

目前在计算供水损失量时采用的是：

$$供水损失量=供水量-售水量$$

3. 给水管检漏的传统方法

（1）音频检漏

当水管有漏水口时，压力水从小口喷出，水就会与孔口发生摩擦，相当能量会在孔口消失，孔口处就形成振动。听音检漏法分为阀栓听音和地面听音两种，前者用于漏水点预定位；后者用于精确定位。漏水点预定位法主要分阀栓听音法和噪声自动监测法。

阀栓听音法：阀栓听音法是用听漏棒或电子放大听漏仪直接在管道暴露点（如消火栓、阀门及暴露的管道等）听测由漏水点产生的漏水声，从而确定漏水管道，缩小漏水检测范围。

漏水声自动监测法： 泄漏噪声自动记录仪是由多台数据记录仪和一台控制器组成的整体化声波接收系统。只要将记录仪放在管网的不同地点，如消火栓、阀门及其他管道暴露点等。按预设时间（如深夜 2：00～4：00）同时自动开 / 关记录仪，可记录管道各处的漏水声信号，该信号经数字化后自动存入记录仪中，并通过专用软件在计算机上进行处理，从而快速探测装有记录仪的管网区域内是否存在漏水。

漏水点精确定位： 当通过预定位方法确定漏水管段后，用电子放大听漏仪在地面听测地下管道的漏水点，并精确定位。听测方式为沿着漏水管道走向以一定间距逐点听测比较，当地面拾音器越靠近漏水点时，听测到的漏水声越强，在漏水点上方达到最大。

相关检漏法： 相关检漏法是当前最先进最有效的一种检漏方法，特别适用于环境干扰噪声大、管道埋设太深或不适宜用地面听漏法的区域。用相关仪可快速准确地测出地下管道漏水点的精确位置。一套完整的相关仪是由一台相关仪主机（无线电接收机和微处理器等组成）、两台无线电发射机（带前置放大器）和两个高灵敏度振动传感器组成。其工作原理为：当管道漏水时，在漏口处会产生漏水声波，该波沿管道向远方传播，当把传感器放在管道或连接件的不同位置时，相关仪主机可测出该漏水声波传播到不同传感器的时间差 T，只要给定两个传感器之间管道的实际长度 L 和声波在该管道的传播速度 V，漏水点的位置 L，就可按公式计算出来：

$$Ly=L-VT/2$$

式中，V 取决于管材、管径和管道中的介质，单位为 m/s，并全部存入相关仪主机中。

（2）区域装表法

把整个给水管网分成小区，凡是和其他地区相通的阀门全部关闭，小区内暂停用水，然后开启装有水表的一条进水管上的阀门，使小区进水。如小区内的管网漏水，水表指针将会转动，由此可读出漏水量。

1）干管漏水量的测定。关闭主干管两端阀门和此干管上的所有支管阀门，再在一个阀门的两端焊 DN15 小管，装上水表，水表显示的流量就是此干管的漏水量。

2）区域漏水量测定。要求同时抄表。

3）利用用户检修、基本不用水的机会，将用户阀门关闭，利用水池在一定时间内的落差计算漏水量。关闭用水阀门，根据水位下降计算漏水量。

（3）质量平衡检漏法

质量平衡检漏法工作原理为：在一段时间 Ot 内，测量的流入质量可能不等于测得的流出质量。

（4）水力坡降线法

水力坡降线法的技术不太复杂。这种方法是根据上游站和下游站的流量等参数，计算出相应的水力坡降，然后分别按上游站出站压力和下游站进站压力作图，其交点就是理想的泄漏点。但是这种方法要求准确测出管道的流量、压力和温度值。

（5）统计检漏法

一种不带管道模型的检漏系统。该系统根据在管道的入口和出口测取的流体流量和压力，连续计算泄漏的统计概率。对于最佳检测时间的确定，使用序列概率比试验方法。当泄漏确定后，可通过测量流量和压力及统计平均值估算泄漏量，用最小二乘算法进行泄漏定位。

（6）基于神经网络的检漏方法

基于人工神经网络检测管道泄漏的方法能够运用自适应能力学习管道的各种工况，对管道运行状况进行分类识别，是一种基于经验的类似人类的认知过程的方法。试验证明这种方法是十分灵敏和有效的。这种检漏方法能够迅速准确地预报出管道运行情况，检测管道运行故障且有较强的抗恶劣环境和抗噪声干扰的能力。

4.管网检漏应配备的仪器

我国城市供水公司生产规模、技术条件和经济条件等因素差异相当大，根据这些差异可分为以下四类：

第一类为最高日供水量超过100万立方米，同时是直辖市、对外开放城市、重点旅游城市或国家一级企业的供水公司；

第二类为最高日供水量在50万～100万立方米的其他省会城市或国家二级企业的供水公司；

第三类为最高日供水量在10万～50万立方米的其他供水公司；

第四类为最高日供水量在10万立方米以下的供水公司。

根据供水量的差异，按下列情况配置必要的仪器：一类供水公司配备一定数量电子放大听漏仪（数字式）、听音棒、管线定位仪、井盖定位仪及超级型相关仪、漏水声自动记录仪；二类供水公司配备一定数量电子放大听漏仪（数字式）、听音棒、管线定位仪、井盖定位仪及普通型相关仪；三类供水公司配备一定数量电子放大听漏仪（模拟式）、听音棒、管线定位仪及井盖定位仪；四类供水公司配备少量电子放大听漏仪（模拟式）、听音棒、管线定位仪及井盖定位仪。

5.管网漏水的处理与预防

（1）管网漏水的处理方法

据以上方法测定的漏水量若超过允许值，则应进一步检测以确定准确漏水点再进行处理。根据现场不同的漏水情况，可以采取不同的处理方法。

1）直管段漏水处理，处理方法是将表面清理干净停水补焊。

2）法兰盘处漏水处理，更换橡皮垫圈，按法兰孔数配齐螺栓，注意在上螺栓时要对称紧固。如果是因基础不良而导致的，则应对管道加设支墩。

3）承插口漏水，承插口局部漏水，应将泄漏处两侧宽30mm、深50mm的封口填料剔除，注意不要动不漏水的部位。用水冲洗干净后，再重新打油麻，捣实后再用青铅或石棉水泥封口。

（2）管道渗漏的修补

渗漏的表现形式有接口渗水、砂眼喷水、管壁破裂等。可以使用快速抢修剂，快速抢修剂为稀土高科技产品，是应用在管道系统的紧急带压抢修的堵塞剂。其优点是：数分钟快速固化致硬，迅速止住漏水。抢修剂的堵塞处密封性好、防渗漏性能佳、抗水压强度高、胶黏度强。应用范围较广，如钢管、铸铁管、UPVC 管、混凝土管，以及各类阀门的渗漏情况。

6. 管网检漏的管理

（1）检漏队伍的管理

1）检漏人员素质：检漏人员应熟悉本地区管道运行的情况；熟练掌握检漏仪器和管线定位仪器的使用方法；熟练掌握常规检漏方法；能负责本区巡回检漏；负责仪器的维护和保养；做好检漏记录，填写报表，并编写检漏报告。

2）有效地选配检漏仪器：从地理情况分析，南方管线埋设较浅，用听漏仪可解决70% 的漏水；而北方管线埋设较深，漏水声较难传到地面，最好选用相关仪器。但从经济技术条件分析，直辖市、省会城市及经济发达城市的供水公司可选择先进的检漏仪器，这样为快速降低漏耗提供了前提条件。

3）加强检漏人员的培训：检漏是一项综合性的工作，需要加强对检漏人员的培训，以便提高检漏技能；同时，更要培养检漏人员吃苦耐劳的敬业精神。

4）选择有效的检漏方法。

5）要充分调动检漏人员的积极性：检漏是一项很艰难的户外工作，有时还需夜晚工作，应采用有效的管理体制，来调动检漏人员的积极性。

（2）供水管道检漏过程中应注意的问题

1）如果遇到多年未开启的井盖要点明火验证，一定要证明井中无毒气以后，方可下井操作（应通风 20min，有条件的可使用毒气检测仪检测）；

2）在市区检漏时一定要注意交通安全，应放置警示牌，穿上警示背心；

3）对某些漏点难以定位，需用打地钎法核实时，一定要查清此处是否有电缆等；

4）注意保持拾音器或传感器与测试点接触良好。

第四节　给水管网系统的养护更新

一、给水管道防腐

1. 给水管道的外腐蚀

金属管材引起腐蚀的原因大体分为两种：化学腐蚀（包括细菌腐蚀）和电化学腐蚀（包括杂散电流的腐蚀）。

（1）化学腐蚀

化学腐蚀是由于金属和四周介质直接相互作用发生置换反应而产生的腐蚀。

（2）电化学腐蚀

电化学腐蚀的特点在于金属溶解损失的同时，还产生腐蚀电池的作用。形成腐蚀电池有两类，一类是微腐蚀电池；另一类是宏腐蚀电池。微腐蚀电池是指金属组织不一致的管道和土壤接触时产生腐蚀电池；宏腐蚀电池是指长距离（有时达几公里）金属管道沿线的土壤特性不同时，因而在土壤和管道间，发生电位差而形成腐蚀电池。

地下杂散电流对管道的腐蚀，是一种因外界因素引起的电化学腐蚀的特殊情况，其作用类似于电解过程。由于杂散电流来源的电位往往很高，电流较大，故杂散电流所引起的腐蚀远比一般的电腐蚀严重。

2. 给水管道的内腐蚀

（1）金属管道内壁侵蚀

这种侵蚀作用在前面已经述及了两大类化学腐蚀与电化学腐蚀。对金属管道而言，输送的水就是一种电解液，所以管道的腐蚀多半带有电化学的性质。

（2）水中含铁量过高

作为给水的水源一般含有铁盐。生活饮用水的水质标准规定铁的最大允许浓度不超过 0.3mg/L，当铁的含量过大时应予以处理，否则在给水管网中容易形成大量沉淀。水中的铁常以酸式碳酸铁、碳酸铁等形式存在。以酸式碳酸铁形式存在时最不稳定，分解出二氧化碳，而生成的碳酸铁经水解成氢氧化亚铁。这种氢氧化亚铁经水中溶解氧的作用，转为絮状沉淀的氢氧化铁。它主要沉淀在管内底部，当管内水流速度较大时，上述沉淀就难形成；反之，当管内水流速度较小时，就促进了管内沉淀物的形成。

（3）管道内的生物性腐蚀

城市给水管网内的水是经过处理和消毒的，在管网中一般就没有产生有机物和繁殖生物的可能。但是铁细菌是一种特殊的自养菌类，它依靠铁盐的氧化，以及在有机物含量极少的清洁水中，利用细菌本身生存过程中所产生的能量而生存。铁细菌附着在管内壁上后，在生存过程中能吸收亚铁盐和排出氢氧化铁，因而形成凸起物。由于铁细菌在生存期间能排出超过其本身体积近 500 倍的氢氧化铁，所以有时能使水管过水截面发生严重的堵塞。

3. 防止管道外腐蚀的措施

管道除使用耐腐蚀的管材外，管道外壁的防腐方法可分为：金属或非金属覆盖的防腐蚀法、电化学防腐蚀法。

（1）覆盖防腐蚀法

1）金属表面的处理

金属表面的处理是搞好覆盖防腐蚀的前提，清洁管道表面可采用机械和化学处理的方法。

2）覆盖式防腐处理

按照管材的不同，覆盖防腐处理的方法也有不同。对于小口径钢管及管件，通常是采用热浸镀锌的措施。明设钢管，在管表面除锈后用涂刷油漆的办法防止腐蚀，并起到装饰及标志作用。设在地沟内的钢管，可按上述油漆防腐措施处理，也可在除锈后刷1～2遍冷底子油，再刷两遍热沥青。埋于土中的钢管，应根据管道周围土壤对管道的腐蚀情况，选择防腐层的种类。

3）铸铁管外壁的防腐处理

铸铁管外壁的防腐处理，通常采用浸泡热沥青法或喷涂热沥青法。

（2）电化学防腐蚀法

电化学防腐蚀方法是防止电化学腐蚀的排流法和从外部得到防腐蚀电流的阴极保护法的总称。但是从理论上分析，排流法和阴极防蚀法是类似的，其中，排流法是一种经济而有效的方法。

1）排流法

当金属管道遭受来自杂散电流的电化学腐蚀时，埋设的管道发生腐蚀处是阳极电位。如若在该处管道和流至电源（如变电站的负极或钢轨）之间，用低电阻导线（排流线）连接起来，使杂散电流不经过土壤而直接回到变电站去，就可以防止发生腐蚀，这就是排流法。

2）阴极保护法

阴极保护法是从外部给一部分直流电流，由于阴极电流的作用，将金属管道表面上下不均匀的电位消除，不能产生腐蚀电流，从而达到保护金属不受腐蚀的目的。从金属管道流入土壤的电流称为腐蚀电流，从外面流向金属管道的电流称为防腐蚀电流。阴极保护法又分为外加电流法和牺牲阳极法两种。

①外加电流法。外加电流法是通过外部的直流电源装置，把必要的防腐电流通过地下水或埋设在水中的电极，流入金属管道的一种方法。

②牺牲阳极法。牺牲阳极法是用比被保护金属管道电位更低的金属材料做阳极，和被保护金属连接在一起，利用两种金属之间固有的电位差，产生防蚀电流的一种防腐方法。

4.防止管道内腐蚀的措施

（1）传统措施

管道内壁的防腐处理，通常采用涂料及内衬的措施解决。小口径钢管采用热浸镀锌法进行防腐处理是广泛使用的方法。

早期采用沥青层防腐，作用在于使水和金属之间隔离开，但很薄的一层沥青并不能充分起到隔离作用，特别是腐蚀性强的水，使钢管或铸铁管用3～5年就开始腐蚀。环氧沥青、环氧煤焦油涂衬的方法，因毒性问题同沥青一样引起争议。

（2）其他措施

1）加缓蚀剂

投加缓蚀剂可在金属管道内壁形成保护膜来控制腐蚀。由于缓蚀剂成本较高及对水质的影响，一般限于循环水系统中应用。

2）水质的稳定性处理

在水中投加碱性药剂，以提高 pH 值和水的稳定性，工程上一般以石灰为投添加剂。投加石灰后可在管内壁形成保护膜，降低水中 H+ 浓度和游离 CO_2 浓度，抑制微生物的生长，防止腐蚀的发生。

3）管道氯化法

投加氯来抑制铁、硫菌，杜绝"红水""黑水"事故出现，能有效地控制金属管道腐蚀。管网有腐蚀结瘤时，先进行次氯消毒，抑制结瘤细菌，然后连续投氯，使管网保持一定的余氯值，待取得相当的稳定效果后，可改为间歇投氯。

二、给水管道清垢和涂料

1. 结垢的主要原因

（1）水中含铁量高

水中的铁主要以酸式碳酸盐、碳酸亚铁等形式存在。以酸式碳酸盐形式存在时最不稳定，分解出二氧化碳，而生成碳酸亚铁，经水解生成氢氧化亚铁、氢氧化亚铁与水中溶解的氧发生氧化作用，转为絮状沉淀的氢氧化铁。铁细菌是一种特殊的自养菌类，它依靠铁盐的氧化，顺利地利用细菌本身生存过程中所产生的能量而生存。由于铁细菌在生存过程中能排出超过其本身体积数百倍的氢氧化铁，所以有时能使管道过水断面严重堵塞。

（2）生活污水、工业废水的污染

由于生活污水和工业废水未经处理大量泄入河流，河水渗透补给地下水，地下水的水质逐年变坏。个别水源检出有机物、金属指标超标率严重。这些水源的出厂水已不符合生活饮用水水质标准，因此，管网的腐蚀和结垢现象更为严重。

（3）水中悬浮物的沉淀

（4）水中碳酸钙（镁）沉淀

在所有的天然水中几乎都含有钙镁离子，同时，水中的酸式碳酸根离子转化成二氧化碳和碳酸根离子。这些钙镁离子和碳酸根离子化合成碳酸钙(镁)，其难溶于水而变为沉渣。

2. 管线清垢的方式

结垢的管道输水阻力加大，输水能力减小，为了恢复管道应有的输水能力，需要刮管涂衬。管道清洗也就是管内壁涂衬前的刮管工序。清洗管内壁的方式分水冲洗、机械清洗和化学清洗三种方式。

（1）水冲洗

1）水冲洗

管内结垢有软有硬，清除管内松软结垢的常见方法，是用压力水对管道进行周期性冲洗，冲洗的流速应大于正常运行流速的 1.5~3 倍。能用压力水冲洗掉的管内松软结垢，是指悬浮物或铁盐引起的沉积物，虽然它们沉积于管底，但同管壁间附着得并不牢固，可以用水冲洗清除。为了有利于管内结垢的清除，在需要冲洗的管段内放入冰球、橡皮球、塑料球等，利用这些球可以在管道变小了的断面上造成较大的局部流速。其中，冰球放入管内后是不需要从管内取出的。对于局部结垢较硬，可在管内放入木塞，木塞两端用钢丝绳连接，来回拖动木塞以加强清除作用。

2）气水冲洗

3）高压射流冲洗

利用 5~30MPa 的高压水，靠喷水向后射出所产生向前的反作用力，推动运动。管内结垢脱落、打碎、随水流排掉。此种方法适于中、小管道，一般采用的高压胶管长度为 50~70m。

4）气压脉冲法清洗

该法的设备简单、操作方便、成本不高。进气和排水装置可安装在检查井中，因而无须断管或开挖路面。

（2）机械清洗

管内壁形成了坚硬结垢，仅仅用水冲洗的方法是难以解决的，这就要采用机械刮除。刮管法的优点是工作条件较好，刮管速度快。

口径 500~1200mm 的管道可用锤击式电动刮管机。它是用电动机带动链轮旋转，用链轮上的榔头锤击管壁来达到清除管道内壁结垢的一种机器，它通过地面自动控制台操纵，能在地下管道内自动行走，进行刮管。刮管工作速度为 1.3~1.5m/min，每次刮管长度 150m 左右。这种刮管机主要由注油密封电机、齿轮减速装置、刮盘、链条银头及行走动力机构四个部分组成。

另外，还有弹性清管器法，该技术是国外的成熟技术。其刮管的方法，主要是使用聚氨酯等材料制成的"炮弹形"的清管器，清管器外表装有钢刷或铁钉，在压力水的驱动下，使清管器在管道中运行。在移动过程中由于清管器和管壁的摩擦力，把锈垢刮擦下来，另外通过压力水从清管器和管壁之间的缝隙通过时产生的高速度，把刮擦下来的锈垢冲刷到清管器的前方，从出口流走。

（3）化学清洗

把一定浓度（10%~20%）的硫酸、盐酸或食用醋灌进管道内，经过足够的浸泡时间（约16h），使各种结垢溶解，然后把酸类排走，再用高压水流把管道冲洗干净。

3.清垢后涂料

（1）水泥砂浆

管壁积垢清除以后，应在管内衬涂保护涂料，以保持输水能力和延长水管寿命。一般是在水管内壁涂水泥砂浆或聚合物改性水泥砂浆。前者涂层厚度为 3~5mm；后者约为 1.5~2mm。

1）LM 型螺旋式抹光喷浆机

这种喷浆机将水泥砂浆由贮浆筒送至喷头，再由喷头高速旋转，把砂浆离心散射至管壁上。作业时，喷浆机一面倒退行驶，一面喷浆，同时进行慢速抹光，使管壁形成光滑的水泥砂浆涂层。

2）活塞式喷浆机

活塞式喷浆机是利用针筒注射原理，将水泥砂浆用活塞皮碗在浆筒内均匀移动而推至出浆口，再由高速旋转的喷头，离心散射至管壁的一种涂料机器。它同螺旋式喷浆机一样，也是多次往返加料，进行长距离喷涂。

（2）环氧树脂涂衬法

环氧树脂具有耐磨性、柔软性、紧密性，使用环氧树脂和硬化剂混合后的反应型树脂，可以形成快速、强劲、耐久的涂膜。环氧树脂的喷涂方法是采用高速离心喷射原理，一次喷涂的厚度为 0.5~1mm，便可满足防腐要求。环氧树脂涂衬不影响水质，施工期短，当天即可恢复通水。但该法设备复杂，操作较难。

4. 内衬软管法

内衬软管法即在旧管内衬套管，有滑衬法、反转衬里法、"袜法"及用弹性清管器拖带聚氨酯薄膜等方法。该法改变了旧管的结构，形成"管中有管"的防腐形式，防腐效果非常好，但造价比较高，材料需要进口，目前大量推广有一定的困难。

5. 风送涂料法

国内不少部门已在输水管道上推广采用了风送涂衬的措施。利用压缩空气推进清扫器、涂管器，对管道进行清扫及内衬作业。用于管道内衬前的除锈和清扫，一般要反复清扫 3~4 遍，除去管内壁的铁锈，并把管段内杂物扫除。用压力水对管段冲洗，用压缩空气再把管内余水吹排掉。

消除水管内积垢和加衬涂料的方法，对恢复输水能力的效果很明显，所需费用仅为新埋管线的 1/12~1/10，还有利于保证管网的水质。但对地下管线清垢涂料，所需停水时间较长，影响供水，在使用上受到一定的限制。

第六章　建筑给排水建设工程

随着社会的进步和人类对工作、生活环境要求的提高，人们对给排水工程的设计已经除了要求有合理、先进的工艺流程，能生产出高质量的水，还需要整个厂区有一个整洁优美的环境和赏心悦目的建筑形态。这就必须对给排水工程的原有设计方法和程序思路有一个较大改变，应把设计的全过程看成一个持续发展的、不断开放的、经常变化的动态体系，以确保设计出一个优秀工程来。本章主要对建筑给排水建设工程进行详细的讲解。

第一节　建筑给水系统设计

一、给水管道的布置与敷设

（一）管道布置

1. 给水管道的布置方式

（1）给水管道的布置按供水可靠度不同可分为枝状和环状两种形式

枝状管网单向供水，可靠性差，但节省管材，造价低；环状管网双向甚至多向供水，可靠性高，但管线长，造价高。

（2）按水平干管位置不同可分为上行下给、下行上给和中分式三种形式

上行下给供水方式的干管设在顶层天花板下、吊顶内或技术夹层中，由上向下供水，适用于设置高位水箱的建筑；下行上给供水方式的干管理地、敷设在底层或地下室中，由下向上供水，适用于利用市政管网直接供水或增压设备位于底层但不设高位水箱的建筑；中分式的干管设在中间技术夹层或某中间层的吊顶内，由中间向上、下两个方向供水，适用于屋顶用作露天茶座、舞厅并设有中间技术夹层的建筑。

2. 给水管道的布置原则

给水管道布置是否合理，直接关系到给水系统的工程投资、运行费用、供水可靠性、安装维护、操作使用，甚至会影响到生产和建筑物的使用。因此，在管道布置时，不仅需要与供暖、通风、燃气、电力、通信等其他管线的布置相互协调，还要重点考虑以下几个因素。

（1）经济合理

室内生活给水管道宜布置成枝状管网，单向供水。为减少工程量，降低造价，缩短管网向最不利点输水的管道长度，减少管路水头损失，节省运行费用，布置水管道时应力求长度最短。当建筑物内卫生器具布置不均匀时，引入管应从建筑物用水量最大处引入；当建筑物内卫生器具布置比较均匀时，引入管应从建筑物中部引入。给水干管、立管应尽量靠近用水量最大设备处，以减少管道转输流量，使大口径管道最短。

（2）供水可靠、运行安全

当建筑物不允许间断供水时，引入管要设置两条或两条以上，并应由市政管网的不同侧引入，在室内将管道连成环状或贯通状双向供水。如不可能时，可由同侧引入，但两根引入管间距不得小于15m，并应在接管点间设置阀门；如条件不可能满足，可采取设储水池（箱）或增设第二水源等安全供水措施。给水干管应尽可能地靠近不允许间断供水的用水点，以提高供水可靠性。当管道埋地时，应当避免被重物压坏或被设备震坏；管道不得穿越生产设备基础，在特殊情况下必须穿越时，应采取有效的保护措施；为避免管道腐蚀，管道不允许布置在烟道、风道和排水沟内。生活给水管道不宜与输送易燃、可燃或有害的液体或气体的管道同管廊（沟）敷设。

室内给水管道不宜穿过伸缩缝、沉降缝，必须穿过时，应采取保护措施。常用的措施有：软性接头法，即用橡胶软管或金属波纹管连接沉降缝或伸缩缝两边的管道；丝扣弯头法，在建筑沉降过程中，两边的沉降差由丝扣弯头的旋转来补偿，仅适用于小管径的管道；活动支架法，在沉降缝两侧设支架，使管道只能垂直位移，以适应沉降、伸缩的应力。

（3）便于安装维修及操作使用

布置给水管道时，其周围要留有一定的空间，以满足安装、维修的要求。

敷设在室外综合管廊（沟）内的给水管道，宜在热水和热力管道下方，冷冻管和排水管的上方。给水管道与各种管道之间的净距，应满足安装操作的需要，且不宜小于0.3m。室内给水管道上的各种阀门，宜装设在便于检修和操作的位置；室外给水管道上的阀门，宜设置在阀门井或阀门套筒内。人管道井应每层设外开检修门，管道井的尺寸，应根据管道数量、管径大小、排列方式及维修条件，结合建筑平面和结构形式等合理确定。须进入维修管道的管井，其维修人员的工作通道净宽度不宜小于0.6m。

（4）不影响生产和建筑物的使用

给水管道不允许穿过橱窗、壁柜、吊柜等装修处；不能布置在妨碍生产操作和交通运输处，不应穿越变配电房、电梯机房、通信机房、大中型计算机房、计算机网络中心、音像库房等遇水会损坏设备和引发事故的房间，并应避免在生产设备上方通过；工厂车间内的给水管道不得布置在遇水会引起燃烧、爆炸的原料、产品和设备的上面；给水管道应避免穿越人防地下室，必须穿越时应按人防工程要求设置防爆阀门。

（二）管道敷设

给水管道的敷设，根据建筑对卫生、美观方面的要求，一般分为明设和暗设两类。

1. 明设

管道沿墙、梁、柱、天花板下暴露敷设。其优点是造价低，施工安装和维护修理均较方便；缺点是由于管道表面积灰、产生凝结水等影响环境卫生，而且管道外露影响房屋内部的美观。一般装修标准不高的民用建筑和大部分生产车间均采用明设方式。

2. 暗设

将管道直接埋地或埋设在墙槽、楼板找平层中，或隐蔽敷设在地下室、技术夹层、管道井、管沟或吊顶内。管道暗设卫生条件好，美观，对于标准较高的高层建筑、宾馆、实验室等均采用暗设；在工业企业中，针对某些生产工艺要求，如精密仪器或电子元件车间要求室内洁净无尘时，也采用暗设。暗设的缺点是造价高，施工复杂，维修困难。

1. 敷设要求

室外给水管道的覆土深度，应根据土壤冰冻深度、车辆荷载、管道材质及管道交叉等因素确定。管顶最小覆土深度不得小于土壤冰冻线以下 0.15m，行车道下的管线覆土深度不宜小于 0.7m。明设的给水管道应设在不显眼处，并尽可能呈直线走向与墙、梁、柱平行敷设；给水管道暗设时，不得直接敷设在建筑物结构层内；干管和立管应敷设在吊顶、管井、管窿内，支管宜敷设在楼（地）面的找平层内或沿墙敷设在管槽内；敷设在找平层或管槽内的给水支管宜采用塑料、金属与塑料复合管材或耐腐蚀的金属管材，外径不宜大于 25mm；敷设在找平层或管槽内采用卡套式或卡环式接口连接的管材，宜采用分水器向各卫生器具配水，中途不得有连接配件，两端接口应明露。室内冷、热水管上、下平行敷设时，冷水管应在热水管下方；垂直平行敷设时，冷水管应在热水管右侧。在给水管道穿越屋面、地下室或地下构筑物的外墙、钢筋混凝土水池（箱）的壁板或底板处，应设置防水套管。明设的给水立管穿越楼板时，应采取防水措施。管道在空间敷设时，必须采取固定措施，以保证施工方便和供水安全。固定管道可用管卡、吊环、托架等。管道在穿过建筑物内墙、基础及楼板时均应预留孔洞口，暗设管道在墙中敷设时，也应预留墙槽。以免临时打洞、刨槽影响建筑结构的强度。横管穿过预留洞时，管顶上部净空不得小于建筑物的沉降量，以保护管道不致因建筑沉降而损坏，一般不小于 0.1m。引入管进入建筑内有两种情况，一种由浅基础下面通过；另一种穿过建筑物基础或地下室墙壁。需要泄空的给水管道，其横管宜设有 0.002~0.005 的坡度坡向泄水装置。

2. 防护措施

为保证给水管道在较长年限内正常工作，除应加强维护管理外，在布置和敷设过程中还需要采取以下防护措施。

（1）防腐

明设和暗设的金属管道都要采取防腐措施，通常的防腐做法是首先对管道除锈，使之露出金属光泽，然后在管外壁刷涂防腐涂料。明设的焊接钢管和铸铁管外刷防锈漆 1 道，银粉面漆 2 道；镀锌钢管外刷银粉面漆 2 道；暗设和埋地管道均刷沥青漆 2 道。防腐层应采用具有足够的耐压强度、良好的防水性、绝缘性和化学稳定性、能与被保护管道牢固黏结、无毒的材料。

（2）防冻、防露

对设在最低温度低于 0℃场所的给水管道和设备，如寒冷地区的屋顶水箱、冬季不采暖的房间，地下室、管井、管沟中的管道，以及敷设在受室外冷空气影响的门厅、过道等处的管道，应当在涂刷底漆后，做保温层进行保温防冻。保温层的外壳，应密封防渗。在环境温度较高、空气湿度较大的房间（如厨房、洗衣房、某些生产车间），当管道内水温低于环境温度时，管道及设备的外壁可能产生凝结水，会引起管道或设备腐蚀水影响使用及环境卫生，导致建筑装饰和室内物品受到损害，必须采取防结露措施，防结露保冷层的计算和构造，按现行的《设备及管道保冷技术通则》执行。

（3）防高温

在室外明设的给水管道，应避免受阳光直接照射，塑料给水管还应有有效保护措施；室内塑料给水管道不得与水加热器或热水炉直接连接，应有不小于 0.4m 的金属管段过渡；塑料给水管道不得布置在灶台边缘，塑料给水立管距灶台边缘不得小于 0.4m，距燃气热水器边缘不宜小于 0.2m。

给水管道因水温变化而引起伸缩，必须予以补偿。塑料管的线膨胀系数是钢管的 7~10 倍，必须予以重视。伸缩补偿装置应按管段的直线长度、管材的线性膨胀系数、环境温度和水温的变化幅度、管道节点允许位移量等因素计算确定，但应尽量利用管道自身的折角补偿温度变形。

（4）防振

当管道中水流速度过大时，启闭水龙头、阀门，易出现水锤现象，引起管道、附件的振动，不但会损坏管道附件造成漏水，还会产生噪声。所以在设计时应控制管道的水流速度，在系统中尽量减少使用电磁阀或速闭型水栓。住宅建筑进户管的阀门后，装设可曲挠橡胶接头进行隔振；并可在管道支架、管卡内衬垫减振材料，减少噪声的扩散。

二、给水所需水量及水压

（一）用水定额与卫生器具额定流量

1.用水定额

用水定额是对不同的用水对象，在一定时期内制定相对合理的单位用水量的数值，是国家根据各个地区的人民生活水平、消防和生产用水情况，经调查统计而制定的，主要有生活用水定额、生产用水定额、消防用水定额。用水定额是确定设计用水量的主要参数之一，合理选定用水定额直接关系到给水系统的规模及工程造价。

（1）生活用水定额及小时变化系数

生活用水定额是指每个用水单位（如每人每日、每床位每日、每顾客每次等）用于生活目的所消耗的水量，一般以升为单位。根据建筑物的类型具体分为住宅最高日生活用水定额、集体宿舍、旅馆和公共建筑生活用水定额，以及工业企业建筑生活、淋浴用水定额等。

生活用水量每日都发生着变化，在一日之内用水量也是不均匀的。最高日用水时间内最大一小时的用水量称为最大时用水量，最高日最大时用水量与平均时用水量的比值称为小时变化系数。

工业企业建筑管理人员的生活用水定额可取 30~50L/人·班；车间工人的生活用水定额应根据车间性质确定，一般宜采用 30~50L/人·班；用水时间为 8h，小时变化系数为 1.5~2.5。工业企业建筑淋浴用水定额，应根据《工业企业设计卫生标准》中的车间的卫生特征，并与兴建单位充分协商后确定，对于一般轻污染的工业企业，可采用 40~60L/人·次，延续供水时间为 1h。

（2）生产用水定额

工业生产种类繁多，即使同类生产，也会由于工艺不同致使用水量有很大差异。设计时可参阅有关设计规范和规定或由工艺方面提供用水资料。

（3）消防用水量

消防用水量是指用以扑灭火灾的消防设施所需水量，一般划分为室外、室内消防用水量。室内消防用水量包括消火栓用水量和自动喷水灭火系统的消防用水量，应根据现行的《建筑设计防火规范》与《高层民用建筑设计防火规范》来确定。

2. 卫生器具额定流量

生活用水量是通过各种卫生器具和用水设备消耗的，卫生器具的供水能力与所连接的管道直径、配水阀前的工作压力有关。给水额定流量是卫生器具配水出口在单位时间内流出的规定的水量，为保证卫生器具能够满足使用要求，对各种卫生器具连接管的直径和最低工作压力都有相应规定。

（二）给水系统所需水压

给水系统中相对于水源点（如直接给水方式的引入管、增压给水方式的水泵出水管、高位水箱）而言，扬程（配水点位置标高减去水源点位置标高）、总水头损失、卫生器具最低工作压力三者之和最大的配水点称为最不利点。建筑内部给水系统的水压必须保证最不利点的用水要求。

对于居住建筑的生活给水系统，在进行方案的初步设计时，可根据建筑层数估算自室外地面算起系统所需的水压。一般 1 层建筑物为 100kPa；2 层建筑物为 120kPa；3 层及 3 层以上建筑物，每增加 1 层，水压增加 40kPa。对采用竖向分区供水方案的高层建筑，也可根据已知的室外给水管网能够保证的最低水压，按上述标准初步确定由市政管网直接供水的范围。

竖向分区的高层建筑生活给水系统，各分区最不利配水点的水压，都应满足用水水压要求；并且各分区最低卫生器具配水点处的静水压不宜大于 0.45MPa，特殊情况下不宜大于 0.55MPa；对于水压大于 0.35MPa 的入户管（或配水横管），宜设减压或调压设施。

第二节　管子的加工与连接

一、螺纹连接

1. 螺纹加工

分 2~3 次切削，螺纹应清楚、完整、光滑，不得有毛刺和乱丝。如有断丝或缺丝，不得大于螺纹全扣数的 10%。螺纹还应符合装配公差的要求，有 1/16 的锥度，防止螺纹之间配合过松或过紧。

国家标准《55° 密封管螺纹》适用于管子、阀门、管接头、旋塞，以及其他管路附件的螺纹连接。

2. 螺纹装配

拧紧后露出 2~3 牙螺尾、清除多余填料、外露丝牙涂刷红丹防锈。红丹涂刷宽度一致，涂层均匀，无流淌、漏涂现象。

3. 常见问题

麻丝未清理，外露螺纹长，涂刷规范，涂刷随意外露螺纹防锈处理

二、法兰连接

1. 管道法兰

配对法兰规格、型号相同；与设备法兰连接时应按其规格配对；法兰连接时同轴、平行，法兰面垂直于管中心；紧固螺栓规格相同、方向一致、螺栓露出长度为 1/2 螺栓直径或与螺母齐平；连接阀门时螺母放在阀件侧；水平管法兰最上面两个螺孔保持水平、垂直管法兰靠墙两个螺孔与墙平行。

法兰标准：国家标准、机械部标准、化工部标准及石油工部标准，法兰螺栓孔中心相同，JB 标准和 HG 标准的管径为"小外径"，GB 标准和 SYJ 标准为"大外径"，使用时应注意个别规格法兰的螺栓孔数量不同。

2. 常见问题

法兰内圈未焊接，两边螺栓未对齐，法兰不匹配。

三、焊接连接

1. 焊接

（1）不锈钢管焊接内部充氩保护，焊后对焊缝及热影响区进行酸洗、钝化处理。

（2）紫铜管钎焊不得加热过度（650℃～750℃），焊后清除焊接接头处残留的熔渣等杂物。

（3）焊缝外观检查无咬肉、夹渣、裂缝、飞溅等缺陷。

2. 常见问题

铜管钎焊缝处未清理，不锈钢管焊缝处未处理、咬边、焊缝宽窄、余高不一。

四、沟槽连接

1. 沟槽装配

清理管端、套上橡胶密封圈、装上卡箍、紧固螺栓；沟槽二端管道中心线一致，沟槽安装方向（紧固螺栓位置）一致；直管段宜采用刚性接头，在管段上每4～5个连续的刚性接头间设置一个挠性接头。

2. 常见问题

沟槽接头方向不统一，沟槽两端管子不顺直。

五、管子的加工

（一）操纵前当做到

1. 机床必需良好的接地，导线不得小于 $4mm^2$ 铜质软线。不接入超过划定范围的电源电压，不能带电插拔插件，不能用兆欧表测试控制回路，否则可能损坏器件。

2. 在插拔接插件时，不能拉拔导线或电缆，以防焊接拉脱。

3. 接近开关，编码器等不能用硬物撞击。

4. 不能用尖利物碰撞显示单元。

5. 电气箱必须放在通风处，禁止在尘埃和侵蚀性气体中工作。

6. 不得私自加装、改接 PC 输入 / 输出端。

7. 调换机床电源时必须重新确认电机转向。

8. 机床应保持清洁，特别应留意夹紧块、滑块等滑动槽内不应有异物。

9. 按期在链条及其他滑动部位加润滑油。

10. 在清洗和检验时必须断开电源。

11. 开车前预备：检查油箱油位是否到油位线，各润滑点加油，开机确认电机转向，检查油泵有无异常声音，开机后检查液压系统有无漏油现象。

12. 压力调整：用电磁溢流阀调整压力，保证系统压力达到需要的工作压力，一般不高于 125Mpa。

13. 模具调整：模具安装，要求模具与夹紧块对中央，夹紧块可用螺栓调节；助推块与模具对中央，助推块可调；芯头与模具对中央，松开芯头架螺栓，调整好中央后紧固螺栓。

（二）操纵中当真做到

1. 机床开动时，留意人体不得进入转臂旋转扫过的范围。

2. 机床工作时，所有职员禁止进入转臂及管件扫过的空间范围。

3. 机床液压系统采用 YA–N32 普通液压油（原牌号 20 号），正常情况下每年更换一次，滤油器必须同时清洗。

4. 调整机床（模具）时，应由调整者自己按动按钮进行调整。不可一人在机床上调整，另一人在控制柜上操纵。

5. 调整机床或开空车时应卸下芯杆。

6. 液压系统压力不可大于 14Mpa。

7. 手动调整侧推油缸速度时转臂应旋转至 ≥ 900 时进行调整，调整速度为转臂滚动弯管模具边沿的线速度同步。禁止在手动状态下侧推推进速度大于旋转模具边沿的线速度。

8. 一般机器使用一段时间后应检查链条的涨紧程度，保持上下链条松紧一致。

9. 自动操纵时在有芯弯曲模式中，弯臂返回前，操纵职员必须保证芯头在管子里面，或确保芯轴在弯臂返回时没有阻挡现象；否则，芯头或芯杆有可能被折弯或折断。

第三节　室内给水排水系统的安装

建筑给水排水工程是建筑设备工程的重要组成部分，也是影响建筑物使用质量的重要因素，其施工质量的好坏将直接影响到建筑物给排水系统的正常运行。因此，必须严格把好建筑物给排水施工质量一关。建筑技术不断发展，给水排水管道的安装技术和安装工艺也不断改进和提高，加上人们生活水平的提高，对给排水工程的设计、运行等也有了更多、更高的要求。下面我们将对建筑给排水施工常见问题及预防措施进行具体分析。

1. 给水管道和储水设备

室内给水一般是采用水池和水箱联合的方式，然后在出水管道口加上消毒装置。在施工中由于疏于管理，往往导致消毒设备无法达到设计的效果。在施工中为了节约成本，生活储水设备和消防储水设备通常连用，消防储水设备中的水是不流通的水，久而久之会滋生细菌，再与生活储水设备中的水交叉，导致生活用水被污染。在给水管道的建设中，会有不符合规范的情况发生，导致给水管道和排污管道距离过小，带来二次供水的污染。

在给水管道的施工中应该严格按照要求进行设置，生活引入水管和污水排放管之间的距离要大于 1m，埋地生活水池要与污水井、化粪池等污水处理系统保持 0.5m 以上的距离，给水管和排水管垂直净距不小于 0.15m，水平净距不小于 0.5m。在储水设备的设计上，要将生活储水设备和消防储水设备分开，水箱材料要选择不锈钢等不易腐蚀的材料，保证二次供水的水质。

2. 供水管甩口

管道安装过程中经常会遇到供水管甩口不准的情况。导致甩口不能满足管道继续安装对坐标和标高的要求的主要原因是：管道安装前，对管道整体安装考虑不周全；管道安装后固定不及时、不牢固而发生其他工种施工对管道的碰撞移位；墙面砌体及装饰装修施工偏差过大。

供水管甩口不准的预防措施有以下几个：管道预留口时，应依据设计图纸并结合土建施工图纸对管道的留口标高、位置进行复核，同时进行二次优化设计；关键部位的留口位置应详细计算确定；根据土建施工中的轴线、装修尺寸变化及时调整确定；对已安装管道及时进行固定。

3. 排水管道连接

（1）排水管道预留口不准

管道安装后，立管距墙过近或过远；预留口与卫生器具、设备的排水口实际安装尺寸不符，预留下水口与设备器具排水口无法连接；卫生间排水立管甩口未考虑到排水支管的坡度，这些都是排水管道预留口不准的表现。

导致排水管道预留口不准的原因有以下几点：管道安装前，缺少对排水管道的整体排布；对卫生设备器具的几何尺寸不了解；土建墙体施工变化大、偏差大，在管道安装中对立管及预留口未及时地复核调整，造成留口不准，支管连接困难；卫生间排水横管安装时，未经仔细计算坡度值，未考虑到窗户、吊顶，造成甩口偏低。

为避免排水管道预留口不准的情况发生，我们可以从以下几点做起：施工前，应与土建配合并进行沟通，了解土建砌体墙、隔墙的位置和基准线的变化情况；依据设计要求及国家标准图集，掌握了解卫生器具的规格尺寸及距墙的尺寸、相互间的距离间隔，正确留出卫生器具的排水口位置；立管的位置、甩口应参见土建建施图及建筑物的实际变化情况，确定出准确的位置；排水横管安装应考虑房间的吊顶装修；管道安装前应有专项施工方案，并进行详细的技术交底。

（2）排水管连接、固定不符合要求

由于支架设置不正确，或者弯头选择不正确（采用 90° 弯头），导致排水立管在地下室与室外排水管连接时，经常会有立管与排水管连接不正确，管道固定不牢固等情况出现。

按规定通向室外的排水管，穿过墙壁或基础必须下返时，应采用 45° 三通和 45° 弯头连接。并应垂直管段顶部设置清扫口。金属排水管道较重，要求吊钩或卡箍固定在承重结构上是为了安全。固定件间距则根据调研确定。要求立管底部的弯管处设支墩，主要是防止立管下沉，造成管道接口断裂。

排水管连接、固定不符合要求的预防措施主要有以下几点：立管底部与排出管连接时应采用 2 个 45° 弯头连接；弯头之处在条件允许的情况下尽量采用砖砌支墩，支墩四周应抹平粉刷，形成整体。同时，在支墩的上平面弯头处用水泥砂浆做成一个凹型槽，将弯头进行固定，严禁使用干砖堆砌；如无法采用砖砌支墩，可分别在距 45° 弯头 30cm 处的立管和水平管上安装角钢支、吊托架。

（3）排水管道通向室外遇基础必须下返管道连接不符合要求

排水管道通向室外遇基础必须下返管道连接不符合要求会造成排水不顺畅、管道堵塞无法清通等情况。主要原因可能是，管道翻弯使用了 90° 弯头或正三通；同时，未安装地面清扫口。

为了杜绝排水管道通向室外遇基础必须下返管道连接不符合要求的情况出现，我们可以采取如下预防措施：立管与室外排水管连接时应用 2 个 45° 弯连接，不得直接用 90° 弯头；有基础必须下延时，排水横管与立管应使用斜三通，且横管与顶板距离不小于 25cm；在横管距排水立管 25cm 处安装地面清扫口，以便管道的清通。

4. 地漏水封

国家规定地漏水封应该为 50mm，这种高度的防臭效果很好，但是我国很多建筑中的地漏不足 50mm，导致排水管道中的水分蒸发快，防臭效果很差。在地漏的设计上，有些建筑还会采用钟罩式结构，这种水封结构自净能力较差，很容易堵塞，并且污垢会在管道内积累，导致气味返回室内。在建筑给排水管道设计中，要尽量采用先进的地漏水封结构，如偏心块式、浮球式、吸铁石式等，这些结构能有效地避免臭味回流和污物堵塞。另外，施工操作要符合国家规定，将地漏水封高度设置在 50mm，保证防臭效果良好。对于地漏管道的材料要严格控制，采用质量合格的铸铁、PVC、锌合金等材料，延长管道寿命。

第四节　阀类、箱类和泵类的安装

一、阀类的安装

（一）阀门的安装

阀门的安装应按照阀门门使用说明书和有关规定进行。施工过程中要认真检查，精心施工。阀门安装前，应试压台格后才进行安装，仔细检查阀门的规格、型号是否与图纸相符，检查阀门各零件是否完好，启闭阀门是否转动灵活自如，密封面有无损伤等，确认无误后，即可进行安装。

阀门安装时，阀门的操作机构离操作地面最宜在 1.2m 左右，将与胸相齐。当阀门的中心与手轮离操作地面超过 1.8m 时，应对操作较多的阀门和安全阀设置操作平台。阀门较多的管道，阀门尽量集中在平台上，以便操作。

对超过 1.8m 且不经常操作的单个阀门，可采用链轮、延伸杆、活动平台，以及活动梯等设备。当阀门安装在操作面以下时，应设置伸长杆，地阀应设置地井，为安全起见，地井应加盖。

水平管道上的阀门的阀杆，最好垂直向上，不宜将阀杆向下安装。阀杆向下安装，不便操作，不便维修，还容易腐蚀阀门出事故。落地阀门不要歪斜安装，以免操作不方便。

并排管线上的阀门，应有操作、维修、拆装的空位，其手轮间净距不小于 100mm，如果管距较窄，应将阀门错开摆列。

对开启力大，强度较低、脆性大和重量较大的阀门，安装前要设置阀架支承阀门，减少启动应力。

安装阀门时，靠近阀门的管子使用管钳，而阀门本身则要使用普通扳手。同时，安装时，要使阀门处于半闭状态，防止阀门发生转动和变形。

阀门正确安装应使内部结构形式符合介质的流向，安装形式符合阀门结构的特殊要求和操作要求。特殊时要注意有介质流向要求的阀门应按工艺管道的要求安装。阀门的布置要方便合理，操作人员容易接近阀门，对于升降阀杆式阀门，要留出操作空间，所有阀门的阀杆要尽量朝上安装并垂直于管道。

（二）阀门连接面的安装

安装端部采用螺纹连接的阀门，应使螺纹拧入阀门的深浅适宜。螺纹拧入过深压紧阀座，将影响阀座和闸板的良好配合；拧入过浅，将影响接头的密封可靠性，容易引起泄漏。同时，螺纹密封材料应采用四氟乙烯生胶带或密封胶。

对于法兰端部连接的阀门，首先要找正法兰的连接面，封面垂直于管线，且螺栓孔要对正。阀门法兰应与管道法兰平行，法兰间隙适中，不应出现错口、倾斜等现象。法兰间心垫片应放置正中，不能偏斜，螺栓应对称均匀拧紧。防止在阀门安装时强制连接拧紧，产生一个附加残余力。

安装前要彻底清除管子内壁及外部螺纹的污物；清除有碍介质流动和可能影响设备运转的毛刺、异物等，在管子连接前吹净管道中的污垢、渣及其他杂物。防止损伤阀门的密封面或堵塞阀门。

安装焊接端部连接阀门，应先组对点焊后阀门两端焊口，开启阀门，然后按焊接工艺卡施焊焊缝，焊后对焊缝外观及内在焊缝质量进行检查，确保无气孔、夹渣、裂纹等，需要时应对焊缝进行射线或超控检查。

（三）较重阀门的安装

安装较重的阀门时（DN>100），应用起吊工具或设备，起吊绳索应系在阀门的法兰或支架上，不应系在阀门的手柄式阀杆上，以免损坏阀门。

阀门安装的一般要求、最适宜的安装高度、水平管道上阀门、阀杆方向如下：

1. 阀门应设在容易接近、便于操作、维修的地方。成排管道（如进出装置的管道）上的阀门应集中布置，并考虑设置操作平台及梯子。平行布置管道上的阀门，其中心线应尽量取齐。手轮间的净距不应小于 100mm，为了减少管道间距，可把阀门错开布置。

2. 经常操作的阀门安装位置应便于操作，最适宜的安装高度为距离操作面 1.2m 上下。当阀门手轮中心的高度超过操作面 2m 时，对于集中布置的阀组或操作频繁的单独阀门以及安全阀应设置平台，对不经常操作的单独阀门也应采取适当的措施（如链轮、延伸杆、活动平台和活动梯子等）。链轮的链条不应妨碍通行。危险介质的管道和设备上的阀门，不得在人的头部高度范围内安装，以免碰伤人头部，或由于阀门泄漏时直接伤害人的面部。

3. 隔断设备用的阀门直与设备管口直接相接或靠近设备。与极度危害、高度危害的有毒介质的设备相连接管道上的阀门，应与设备口直接连接，该阀门不得使用链轮操纵。

4. 事故处理阀如消防水用阀、消防蒸汽两阀等应分散布置，且要考虑到事故时的安全操作。这类阀门要布置在控制室后。安全墙后、厂房门外或与事故发生处有一定安全距离的地带；以便发生火灾事故时，操作人员可以安全操作。

5. 除工艺有特殊要求外，塔、反应器、立式容器等设备底部管道上的阀门，不得布置在裙座内。

6. 从干管上引出的水平支管的切断阀，宜设在靠近根部的水平管段上。

7. 升降式止回阀应安装在水平管道上，立式升降式止回阀应安装在管内介质自下而上流动的垂直管道上。旋启式止回阀应优先安装在水平管道上，也可安装在管内介质自下而上流动的垂直管道上；底阀应安装在离心泵吸的安装高度，可选用蝶形止回阀；泵出口与所连接管道直径不一致时，可选用异径止回阀。

8. 布置在操作平台周围的阀门的手轮中心距操作平台边缘不宜大于 450mm，当阀杆和手轮伸入平台上方且高度小于 2m 时，应使其不影响操作人员的操作和通行。

9. 地下管道的阀门应设在管沟内或阀井内，必要时，应设阀门延伸杆。消防水阀井应有明显的标志。

10. 水平管道上的阀门，阀杆方向可按下列顺序确定：垂直向上；水平；向上倾斜 45°；向下倾斜 45°；不得垂直向下。

11. 阀杆水平安装的明杆式阀门，当阀门开启时，阀杆不得影响通行。

（四）阀门安装的技术要求

1. 方向性。一般阀门的阀体上有标志，箭头所指方向即燃气向前流通的方向。必须特别注意，不得装反。因为有各种阀门要求燃气单向流通，如安全阀、减压阀、止回阀、节流阀等，为了便于开启和检修截止阀，也要求燃气由下而上通过阀座。但闸阀、旋塞安装时，不受流通方向限制。

2. 安装位置。要以阀门长期操作和维修考虑，尽可能方便操作维修，同时，还要注意组装时外形的美观。

阀门手柄方向可以垂直向上，也可以倾斜至某一角度或水平放置，但手轮不得向下，以避免仰脸操作；落地阀门的手轮最好齐胸高，便于启闭；明杆闸阀不能用于地下，防止阀杆受到腐蚀。

有些阀门的安装位置有特殊的要求，如减压阀要求直立地安装在水平管道上，不得倾斜，升降式止回阀要求阀瓣垂直；旋启式止回阀要求销轴水平。总之，要根据阀门的原理确定其安装位置；否则，阀门就不能有效的工作，甚至不起作用。

3. 旋塞的安装。核对规格型号，鉴定有无损坏，清除螺纹口的封盖和螺纹内的过多油脂和杂物，检验旋塞的密封性能。对燃气旋塞在安装时必须注意用力适当，要按旋塞规格大小选用不同规格的管钳或扳手。

4. 丝扣阀门安装时，阀门公司应确保螺纹完整无损；能够用扳手时用扳手，不要用管钳，避免损坏阀体外观。

5. 法兰式阀门的安装，必须保证两法兰断面互相平行并在同一轴线上，拧紧螺栓时应十字交叉的进行，使阀门端面受力均匀。

6. 法兰与螺纹连接的阀门应在关闭状态下安装。对焊阀门与管道连接时，焊缝底宜采用氩焊施焊，保证内部清洁。焊接时，阀门不宜关闭防止受热变形。

7 一般情况下，阀门与波纹伸缩节直接连接。因此，应根据阀门与波纹伸缩节以及法兰与垫片的尺寸，将其两侧的管道切断，留出安装位置。

8. 阀门吊装时，绳子不能系在首轮或阀杆上，以防损坏，应轻吊、轻放，不可碰撞。放在支墩上时，按要求的标高垫稳、垫平。阀门下必须有牢固的支墩或支架将阀门托住，不允许阀门悬空产生应力。

二、泵类的安装

（一）泵的安装和找正

1. 底座安装时要找平，推荐在各个方位上底座加工面每 100mm 长度的不水平度小于 0.25mm。

2. 找正是指调整泵和电动机旋转中心线的位置，使它们处于同一直线上。

无论是初次安装还是检修后安装，至少应找正三次：

第一次，泵与电机摆放在底座上，尚未紧固（粗找正）；

第二次，泵与电机已紧固，进、出口法兰螺栓没紧固；

第三次，泵运转 24h 后。

（二）安装精度要求

1. 电机及泵水平度不大于 0.15mm/m；电机及砂泵两轴线平行度偏差不大于 0.2mm/m。

2. 两皮带轴同侧面要求平齐，偏差不大于 0.15mm/m；皮带松紧程度一致，皮带轮径向跳动不大于 0.15mm；端面跳动不大于 0.1mm。

3.叶轮隔板的轴向间隙为3～5mm，且整个圆周要求一致。

4.轴封体填料松紧合适，各连接处不许漏矿浆。

（三）试运转

1.运转开车前应检查以下内容：

（1）泵应牢固安放在的基础上，拧紧全部地脚螺栓。

（2）管路和阀门应分别支撑，泵法兰处有密封垫，拧紧连接螺栓时注意有的金属内衬高出法兰，此时螺栓不应拧得过紧，以免损坏密封垫。

（3）用手按泵转动方向转动轴，轴应能带动叶轮转动，不应有摩擦；否则，应调整叶轮间隙。

（4）检查电机转向，保证泵的转动方向与泵体上标识的箭头方向相一致，联轴器未连接前确认；注意：不允许泵轴反向转动；否则，叶轮螺纹会脱扣，以致损坏泵。

（5）直联传动时，泵轴和电机轴应精确对中。皮带传动时泵轴和电机轴应平行，并调整槽轮位子，使其与槽带垂直；以免引起剧烈的振动和磨损。B型及SPB、SPC型槽轮配组使用时应调整达松紧合适。

（6）最后再次检查所有螺母是否拧紧，轴是否转动灵活，在泵送渣浆前最好先用清水启动泵。

2.盘车1～2转，按开车操作方法开动泵。

3.空车运行正常后，进行带负荷试车1小时以上方可连续运转，连续运转24小时后处理异常和不良后可以投入试生产运行。

（四）设备运转中的检查与维护

1.检查圆筒轴承温度要求不超过60℃，油量适当；

2.检查电机温度要求不超过65℃；

3.观察砂泵振动，声音有无异常；

4.观察电压、电流表值是否正常；

5.观察填料松紧程度，不许有泄漏；若泄漏大，应及时调整；

6.观察流量大小，用进口闸门调节；

7.检查水封水压及水量情况，水封水压不小于5kg/cm^2。

第五节　管道及设备的防腐与保温

腐蚀主要是材料在外部介质影响下所产生的化学作用或电化学作用，使材料破坏和质变。由于化学作用引起的腐蚀属于化学腐蚀；由电化学作用引起的腐蚀称为电化学腐蚀；金属材料（或合金）的腐蚀，两种腐蚀都有。

一般情况下，金属与氧气、氯气、二氧化硫、硫化氢等干燥气体，或汽油、乙醇、苯等非电解质接触所引起的腐蚀都是化学腐蚀。

一、管道及设备表面的除污

人工除污一般使用钢丝刷、砂布、废砂轮片等摩擦外表面，人工除污方法劳动强度大、效率低、质量差。

喷砂除污是采用 0.4~0.6MPa 的压缩空气，把粒度为 0.5~2.0mm 的沙子喷射到有锈污的金属表面上，靠沙子的击打使金属表面的污物去掉。

1. 优点

喷砂除污使金属表面变得粗糙而又均匀，使油漆能与金属表面很好地结合；并且能将金属表面凹处的锈除尽。

2. 缺点

喷砂过程中产生大量的灰尘，污染环境，影响人们的身体健康；施工时应设置简单的通风装置，操作人员应戴防护面罩或风镜和口罩。

3. 改进措施——喷湿沙

需在水中加入 1%~15% 的缓蚀剂（如磷酸三钠、亚硝酸钠），使除污后的金属表面形成一层牢固而密实的膜。

4. 除锈的其他方式——酸洗

用 10%~20% 的稀硫酸溶液、在 18℃~60℃下浸泡 15~60min；用 10%~15% 的稀盐酸溶液、在室温下浸泡酸洗后用清水洗涤，并用 50% 的碳酸钠溶液中和，最后用热水冲洗 2~3 次，然后用热空气干燥。

二、管道及设备刷油

（一）油漆

油漆是一种有机高分子胶体混合物的溶液。

油漆主要由成膜物质、溶剂（或稀释剂）、颜料（或填料）三部分组成。

成膜物质实际上是一种黏结剂，作用是将颜料或填料黏结、融合在一起，以形成牢固附着在物体表面上的漆膜。

溶剂（或稀释剂）是一些挥发性的液体，它的作用是溶解和稀释成膜物质溶液。

颜料（或填料）是粉状，它的作用是增加漆膜的厚度和提高漆膜的耐磨、耐热和耐化学腐蚀性能。

选用油漆涂料的依据：考虑管道的敷设条件，应根据管壁温度和管外所处周围环境不同（如空气潮湿度、是否有腐蚀性气体、水浸等）选用耐壁温而且不与周围介质作用的涂料品种；被涂物表面的材料性质；考虑施工条件的可能性，如不具备高温热处理条件，就不能选用烘干漆型；考虑涂料的价格，本着节约的原则，综合各种因素选用；考虑涂料品种的正确配套使用，一是要考虑底漆与面漆的配套；二是要考虑油漆与稀释剂的配套。

（二）管道及设备刷油

1. 涂刷法

涂刷法主要是手工涂刷。这种方法操作简单，适应性强，可用于各种涂料的施工。但人工涂刷方法效率低，并且涂刷的质量受操作者技术水平的影响较大。

手工涂刷应自上而下、从左至右、先里后外、先斜后直、先难后易、纵横交错地进行，涂层厚薄均匀一致，无漏刷处。

2. 空气喷涂

空气喷涂的工具为喷枪。其原理是压缩空气通过喷嘴时产生高速气流，将储液罐内漆液引射混合成雾状，喷涂于物体的表面。

这种方法的特点是漆膜厚薄均匀，表面平整，效率高。只要调整好油漆的黏度和压缩空气的工作压力，并保持喷嘴距被涂物表面一定的距离和一定的移动速度，均能达到满意的效果。

喷枪所用的空气压力一般为 0.2~0.4MPa。

喷嘴距被涂物表面的距离，当被涂物表面为平面时，距离一般为 250~350mm ；当被涂物表面为圆弧面时，距离一般为 400mm 左右。喷嘴的移动速度一般为 10~15m/min。

为了减少稀释剂的耗量，提高工作效率，可采用热喷涂施工。热喷涂就是将油漆加热，用提高油漆温度的方法来代替稀释剂使油漆的黏度降低，以满足喷涂的需要。

油漆加热温度一般为 70℃。

采用热喷涂法比一般空气喷涂法可节省 2/3 左右的稀释剂，并提高近一倍的工作效率，同时还能改变涂膜的流平性。

3. 注意事项

为保证施工质量，均要求被涂物表面清洁干燥，并避免在低温和潮湿环境下工作；当气温低于 5℃ 时，应采取适当的防冻措施；需要多遍涂刷时，必须在上一遍涂膜干燥后，方可涂刷第二遍；环境宜在 15℃ ~35℃ 之间，相对湿度 70% 以下。

三、埋地管道的防腐

埋地管道的腐蚀是由土壤的酸性、碱性、潮湿、空气渗透，以及地下杂散电流的作用等因素所引起的，其中，主要是电化学作用。防止腐蚀的方法主要是采用沥青涂料。

（一）沥青

沥青是一种有机胶结构，主要成分是复杂的高分子烃类混合物及含硫、含氮的衍生物。优点：具有良好的黏结性、不透水和不导电性；能抵抗稀酸、稀碱、盐、水和土壤的侵蚀；价格低廉。

缺点：不耐氧化剂和有机溶液的腐蚀，耐气候性也不强。

1. 沥青的分类——地沥青（石油沥青）和煤沥青

地沥青（石油沥青）有天然石油沥青和炼油沥青；天然石油沥青是在石油产地天然存在的或从含有沥青的岩石中提炼而得的；炼油沥青则是在提炼石油时得到的残渣，经过继续蒸馏或氧化后而得；根据我国现行的石油沥青标准，石油沥青分为：道路石油沥青、建筑石油沥青和普通石油沥青。

在防腐工程中，一般采用建筑石油沥青和普通石油沥青。煤沥青又称煤焦油沥青、柏油，是由烟煤炼制焦炭或制取煤气时干馏所挥发的物质中，冷凝出来的黑色黏性液体，经进一步蒸馏加工提炼所剩的残渣而得。煤沥青对温度变化敏感，软化点低，低温时性脆，其最大的缺点是有毒，因此，一般不直接用于工程防腐。

2. 沥青的性质指标——针入度、伸长度、软化点

针入度反映沥青软硬稀稠的程度，针入度小，沥青越硬，稠度就越大，施工就越不方便，老化就越快，耐久性就越差；伸长度反映沥青塑性的大小，伸长度大，塑性越好，越不易脆裂。软化点表示固体沥青熔化时的温度，软化点低，固体沥青熔化时的温度就越低。防腐沥青要求的软化点应根据管道的工作温度而定。软化点太高，施工时不易熔化；软化点太低，则热稳定性差。一般情况下，沥青的软化点应比管道的最高工作温度高40℃为宜。

当温度升高到一定时，与火焰接触发生闪光，这时的温度称为闪点。闪点的高低，决定了它的安全性。

（二）防腐层结构及施工方法

1. 施工方法

（1）沥青底漆

沥青底漆的作用是加强沥青涂层与钢管表面的黏结力。

沥青底漆是将沥青与溶剂按 1∶2.5~3.0（体积比）配制而成。先将沥青在锅内熔化并升温至160℃~180℃进行脱水，然后冷却到70℃~80℃，再将沥青按比例慢慢倒入装有溶剂的容器内，不断搅拌至均匀为止。

严禁把汽油等溶剂倒入熔化的沥青锅内。

（2）沥青涂层

沥青涂层与沥青底漆使用同一种沥青配制，其熔化温度为180℃~220℃，使用温度应为160℃~180℃。

当一种沥青不能满足使用要求时（如针入度、伸长度、软化点等），可采用同类沥青与橡胶粉、高岭土、石棉粉、滑石粉等材料掺配成沥青玛蹄脂。配制时先将沥青放入锅内加热至160℃~180℃使其脱水，然后一面搅拌，一面慢慢加入填料，至完全融合为一体为止。

在配制过程中，其温度不得超过220℃，以防止沥青结焦。

3. 加强包扎层

加强包扎层可采用玻璃丝布、石棉油毡、麻袋布等材料，其作用是提高沥青涂层的机械强度和热稳定性。

施工时包扎料最好用长条带成螺旋状包缠，圈与圈之间的接头搭接长度应为30~50mm，并用沥青黏合，应全部黏合紧密，不得形成空气泡和折皱。

4. 保护层

保护层多采用塑料布或玻璃丝布包缠而成，其施工方法和要求与加强包扎层相同，作用是提高防腐层的机械强度和热稳定性，减少及缓和防腐层的机械损伤及热变形；同时，也可提高整个防腐层的防腐性能。

5. 防腐层厚度要求及质量检查

一般普通防腐层的厚度不应小于 3mm，允许偏差为 -0.3mm；加强防腐层的厚度不应小于 6mm，允许偏差为 -0.5mm；特加强防腐层的厚度不应小于 9mm，允许偏差为 -0.5mm。

质量检查主要包括：外观检查；厚度检查（至少每 100m 检查一处）；黏结力的试验（隔500m 或在有怀疑处检查一处，方法是用小刀切 45°~60° 的切口，从角尖撕开，不成层剥落为合格）；绝缘性能检测（电火花检测器）。

四、管道及设备的保温

（一）保温的意义

1. 保温的定义

保温又称绝热。绝热是减少系统热量向外传递（保温）和外部热量传入系统（保冷）而采取的一种工艺措施。绝热包括保温、保冷。

2. 保温、保冷的区别

保冷结构的绝热层外必须设置防潮层，而保温结构在一般情况下是不设防潮层的。

3. 保温的意义

减少冷、热量的散失，节约能源，提高系统运行的经济性；对高温或低温管道和设备，保温后能降低或提高外表面的温度，改善四周的劳动条件，防止运行操作人员被烫伤或冻伤；空调系统，保温能减小送风温度的波动，有助于系统内部温度的恒定；对高寒地区的室外回水或给排水管道，保温能防止水管冻结。

（二）保温材料的要求及选择

1. 要求

（1）导热系数小（导热系数分四级：0.08、0.08~0.116、0.116~0.174、0.174~0.209w/m·k）；

（2）容重小（小于 450kg/m³）；

（3）有一定的机械强度，应能承受 0.3MPa 以上的压力；

（4）能耐一定的温度，对潮湿、水分的侵蚀有一定的抵抗力；

（5）不应含有腐蚀性的物质；

（6）造价低，不易燃烧，便于施工。

2. 选择

一种保温材料很难同时满足上述要求，需根据具体工程分析、比较，选择最有利的保温材料。比如，低温系统首先应考虑保温材料的容重轻、导热系数小、吸湿率低等；高温系统则应着重考虑保温材料在高温下的热稳定性；对于运行中有振动的管道或设备，宜选用强度较好的保温材料；对于间歇运行的系统，还应考虑选用热容量小的材料。

五、几种常用保温材料简介

（一）橡塑海绵

1. 绝热效果佳

具有密闭孔结构，表面细腻，传热系数低且保持稳定，对冷热介质起隔绝效果，并且用料厚度薄，节省了建筑空间。

2. 防潮防结露

既是绝热层，又是防潮层，无须另加防潮层；即使表面局部损伤，也不会影响整体的防潮性能。

3. 阻燃防烟性能好

燃烧时不会熔化，不会滴下火球，产生的烟浓度很低，绝不会使火焰蔓延。

4. 外观高档美观

高弹性，质地柔软，平滑的表面，外表无须装饰。

5. 安装方便、快捷

无须其他辅助层，只需切割黏合，安装施工简易快捷，极大地节省了人工。

（二）岩棉

1. 特点

具有良好的绝缘性能（隔热、隔冷、隔声、吸声）、化学稳定性、耐热性和不燃性等特点。

2. 用途

岩棉板：广泛用于平面、曲率半径较大的罐体、锅炉、热交换器等设备，和建筑的保温、隔热和吸声。

岩棉玻璃布缝毡：广泛用于形状复杂、工作温度较高等设备的保温、隔热和吸声。

岩棉管壳：广泛用于管道（小口径管道）的保温和隔热。

（三）离心玻璃棉

离心玻璃棉具有容重轻、质感轻柔、色泽亮丽、富有弹性、防潮不燃、导热系数低、化学性能稳定的特点，施工方便。保温效果相同时工程造价低，是一种物美价廉的保温、隔热材料。

（四）玻璃棉

1. 特点

具有容重小、导热系数低、吸声性能好、不燃烧、耐腐蚀等性能，是一种优良的绝热材料。

2. 用途

玻璃棉管：用于通风、供热、供水、动力、设备等各种需要保温的管道。

玻璃棉毡：用于建筑物的隔热、隔声，通风、空调设备的保温、隔热，播音室、消音室及噪声车间的吸声；计算机房和冷库的保温、隔热，以及飞机、船舶、火车、汽车的保温、隔热、吸声。

玻璃棉板：用于大型录音棚、冷库、船舶、航空、隧道，以及房屋建筑工程的保温隔热、隔声。

（五）超细玻璃棉

超细玻璃棉具有容重轻、导热系数小、吸音性能好、不燃、不蛀、耐腐蚀、使用方便等特点，是一种新型优质的保温、隔热、吸声和节能材料。可广泛用于各行业的冷热管道、热力设备、空调恒温、烘箱烘房、冷藏保鲜、消声器材，以及建筑物的保温、隔热和吸声等。

六、保温结构的组成及施工方法

（一）组成及作用

防锈层——防止金属设备或管道表面生锈。

保温层——减少管道或设备与外部的热量传递，起保温保冷作用。

防潮层（对保冷结构而言）——防止水蒸气或雨水渗入保温材料，以保证材料良好的保温效果和使用寿命；常用材料有沥青及沥青油毡、玻璃丝布、聚乙烯薄膜、铝箔等。

保护层——保护保温层或防潮层不受机械损伤；常用材料有石棉石膏、石棉水泥、金属薄板及玻璃丝布等。

防腐蚀及识别标志层——防止或保护保护层不被腐蚀，同时也起到识别管内的流动介质的作用。

（二）保温层施工

保温层的施工方法取决于保温材料的形状和特性。常用的施工方法有以下几种：

1. 涂抹法保温

涂抹法保温适用于石棉粉、硅藻土等不定型的散装材料，将其按一定比例用水调成胶泥涂抹于需要保温的设备或管道上。

这种方法整体性好，保温层和保温面结合紧密，且不受被保温物体形状的限制。它多用于热力管道和热力设备的保温。

2. 绑扎法保温

绑扎法适用于预制保温瓦或板块料，用镀锌铁丝绑扎在管道的壁面上，是目前国内外热力管道保温最常用的一种保温方法。

绑扎保温材料时，应将横向接缝错开；多层绑扎时应内外盖缝；每块保温材料至少应绑扎两处，间距不应超过 300mm，每处绑扎的铁丝不少于两圈，并将接头嵌入接缝内。

3. 粘贴法保温

粘贴法保温适用于各种保温材料加工成型的预制品，它靠黏结剂与被保温的物体固定，多用于空调系统及制冷系统的保温。

涂刷黏结剂时，要求粘贴面及四周接缝上各处黏结剂均匀饱满；粘贴保温材料时，应将接缝相互错开，错缝的要求及方法与绑扎法保温相同。

4. 钉贴法保温

钉贴法保温是矩形风管采用得较多的一种保温方式，它用保温钉代替黏结剂将泡沫塑料保温板固定在风管表面上。这种方法操作简单、工效高。

保温钉的粘贴数量：顶面每平方米不少于 4 个；侧面每平方米不少于 6 个；底面每平方米不少于 12 个。

5. 风管内保温

风管内保温就是将保温材料置于风管的内表面，用黏结剂和保温钉将其固定，是粘贴法和钉贴法联合使用的一种保温方法。

风管内保温主要用于高层建筑因空间狭窄不便安装消声器，而对噪声要求又较高的大型舒适性空调系统上做消声之用。

6. 聚氨酯硬质泡沫塑料的保温

聚氨酯硬质泡沫塑料由聚醚和多元异氰酸酯加催化剂、发泡剂、稳定剂等原料按比例调配而成。施工时将这些原料分为两组，一组为聚醚和其他原料的混合液；另一组为异氰酸酯。只要将这两组混合在一起即发泡生成泡沫塑料。

施工方法有喷涂法和灌涂法两种。在同一温度下，发泡的快慢主要取决于原料的配方。在正式操作之前，应先试喷或试灌。

聚氨酯硬质泡沫塑料现场发泡工艺简单、操作方便、施工效率高、附着力强，不需要任何支撑件，没有接缝，导热系数小，吸湿率低。

7. 缠包法保温

缠包法保温适用于卷状的软质保温材料。施工时需要将成卷的材料根据管径的大小裁剪成适当宽度（200~300mm）的条带，以螺旋状包缠到管道上。也可以根据管道的周长进行裁减，以原幅宽对缝平包到管道上。

不管采用哪一种方法，均需边缠、边压、边抽紧使保温后的密度达到设计要求。

采用多层缠包时，应注意内外盖缝；保温层外径不大于 500mm 时，在保温层外面用直径为 1～1.2mm 的镀锌铁丝绑扎，间距为 150～200mm；当保温层外径大于 500mm 时，应使用镀锌铁丝网缠包，再用镀锌铁丝绑扎牢。

8. 套筒式保温

套筒式保温就是将加工成型的保温筒直接套在管道上。这种方法施工简单、工效高。施工时，将保温筒的轴向切口扒开，借助材料本身的弹性将保温筒紧紧地套在管道上。保温筒的轴向切口和筒与筒之间的缝隙应用合适的胶带黏合。

9. 对保温层施工的技术要求

（1）凡垂直管道或倾斜角度超过 45°、长度超过 5m 的管道，应根据保温材料的密度及抗压强度，设置不同数量的支撑环（或托盘），一般 3～5m 设置一道。

（2）用保温瓦或保温后呈硬质的材料，作为热力管道的保温时，应每隔 5～7m 留出间隙为 5mm 的膨胀缝。弯头处留 20～30mm 的膨胀缝。膨胀缝内应用柔性材料填塞。设有支撑环的，膨胀缝一般设置在支撑环的下部。

（3）管道的弯头部分，当采用硬质材料保温时，如果没有成型预制品，应将预制板、管壳、弧形块等切割成虾米弯进行小块拼装。切块的多少应根据弯头的缓急而定，最少不得少于三块。

（三）防潮层施工

目前防潮层的材料有两类：一是以沥青为主的防潮材料；二是以聚乙烯薄膜做防潮材料。

以沥青为主的防潮材料有两种：一种是用沥青或沥青玛蹄脂黏沥青油毡；另一种是以玻璃丝布做胎料，两面涂刷沥青或沥青玛蹄脂。

第六节　小区给水排水管道的安装

一、给水管安装工艺要点

1. 工序流程

编制施工方案和安装技术措施→定位弹线→支吊架制作→安装→PP–R 给水管热熔安装→管道水平校正→管道固定→穿墙套管内填塞→穿墙孔洞修补→管道水压试验→给水管成品保护。

2. 控制要点

图纸固化、弹线、热熔、校正正、套管填塞、水压试验共六个方面。

室内给水管道的阀门：主立管在出地面后 300～500mm 装设阀门。管径小于或等于

DN50，宜采用球阀；管径大于 DN50，宜采用闸阀，给水立管预留阀门管件位置应根据卫生器具的安装高度确定。

穿越地下室外墙或地下构筑物墙壁处应加防水套管，给水立管通过楼板时套管应高出地面 20~50mm，住宅内厨房间、卫生间给水立管穿楼板、墙面一般可不设置套管，立管根部与土建配合做出 20~50mm 水泥台墩防止管根积水。如果设计要求加设钢管套管，其套管高出地面 50mm，规格比管道大两号，并填塞密封膏封闭严密。埋地管道或穿过楼板洞内不得使用活接头、法兰连接；给水立管出地面阀门处，需装活接头；给水管装有 3 个及以上配水点的支管始端，均装活接头；活接头的子口一头安装在来水方向，母口一端安装在去水方向。

二、安装工艺质量要点

冷热水管道水平上下并行时，热水管在冷水管上边，冷水管在下边；垂直安装时热水管在冷水管面向的左边；在卫生器具上安装冷、热水龙头，热水龙头应安装在面向的左侧，冷水龙头安装在面向的右侧。管井内水表外壳距净墙不得大于 30mm，不得小于 10mm，冷热水立管中心间距为 ≥80mm。表位前后的直线管段长度超过 300mm 时，支管应煨弯沿墙敷设。给水管道的支架在施工前，须在砼结构板下弹控制线，保证支架在一直线上；走道内给水管排列整齐、支架固定间距均匀，管道平整度符合规范要求。走廊内多管并排安装的给水管宜采用型钢支架，要求进行弹线及分档定位，首先在两头距给水管转角 100~150mm 处吊线安装一条直线上的两端支架，然后用铅丝拉直线按照分档安装其他支架。安在墙内的立管应在结构施工中预留管槽，立管安装后吊直找正，用卡件固定。

三、安装过程中应注意的质问题及成品保护

住宅工程生活给水及生活、消防合用给水管径 ≥DN125 以上的镀锌钢管考虑实际加工及管件供应困难时可采用焊接方式，但需将焊口和镀锌层破坏处做防腐处理。独立的消火栓系统给水管道不使用镀锌管时，可采用焊接但必须保证焊口质量符合施工质量验收规范规定并做防腐处理。

管道在喷浆前要加以保护，防止灰浆污染管道；节口的手轮在安装时应卸下，交工前统一安装好。

给水立管距墙：管径 32mm 以下距墙 25~35mm；管径 32~50mm 距墙 30~50mm；管径 75~100mm 距墙 50mm；管径 125~150mm 距墙 60mm。

管与管关系：给水入户管与排水出户管水平净距不得小于 1mm；给水与排水管平行铺设，两管水平最小净距为 0.5m；交叉铺设垂直净距为 0.15m，给水应在排水上，若给水管在排水管之下铺设应加套管，其长度不小于排水管径的 6 倍。管道变径不得采用补心，使用变径管箍连接，变径管箍安装位置距三通分流处 ≥200mm。

第七节 建筑消防给水系统

一、建筑消防基础

（一）火灾与灭火

火是以释放热量并伴有烟或火焰或两者兼有为特征的燃烧现象。火灾是在时间或空间上失去控制的燃烧所造成的灾害。

火灾毁坏财产、危害人的生命安全，易造成巨大的财产损失。《火灾分类》中根据可燃物的类型和燃烧特性，将火灾定义为：A 类、B 类、C 类，D 类、E 类、F 类。

A 类火灾：是固体物质火灾。这种物质往往具有有机物性质，一般在燃烧时能产生灼热的余烬，如木材、棉、毛、麻、纸张等引起的火灾；

B 类火灾：是指液体火灾和可熔化的固体物质火灾，如汽油、原油、甲醇、乙醇、沥青、石蜡等引起的火灾；

C 类火灾：是指气体火灾，如煤气、天然气、甲烷、氢等引起的火灾；

D 类火灾：是指金属火灾，如钾、钠、铝、镁合金等引起的火灾等；

E 类火灾：是指带电火灾，即物体带电燃烧的火灾；

F 类火灾：是指烹饪器具内的烹饪物（如动植物油脂）火灾。

随着社会和经济的发展，现代科学技术被广泛应用，带电火灾越来越普遍，引起人们的普遍重视。目前，我国部分消防技术规范对此类火灾的控制和扑灭做了相应的要求。

根据《生产安全事故报告和调查处理条例》规定的生产安全事故等级标准，特别重大、重大、较大和一般火灾的等级标准分别为：特别重大火灾是指造成 30 人以上死亡，或者 100 人以上重伤，或者 1 亿元以上直接财产损失的火灾；重大火灾是指造成 10 人以上 30 人以下死亡，或者 50 人以上 100 人以下重伤，或者 5000 万元以上 1 亿元以下直接财产损失的火灾；较大火灾是指造成 3 人以上 10 人以下死亡，或者 10 人以上 50 人以下重伤，或者 1000 万元以上 5000 万元以下直接财产损失的火灾；一般火灾是指造成 3 人以下死亡，或者 10 人以下重伤，或者 1000 万元以下直接财产损失的火灾。

注："以上"包括本数；"以下"不包括本数。

燃烧有以下三个条件。

第一，有可燃物。凡是能与空气中的氧或其他氧化剂起燃烧化学反应的物质称为可燃物，如木材、纸张、汽油、乙炔、金属钠和钾等；

第二，有助燃物。助燃物是指能帮助和支持可燃物燃烧的物质，即能与可燃物发生氧化反应的物质，又称为氧化剂，如氧气、氯气、溴氯酸钾、高锰酸钾、过氧化钠等；

第三，有足够高的温度（引火源）。足够高的温度是供给可燃物与氧或助燃剂发生燃烧反应的能量来源，如明火火焰、赤热体、火星及电火花等。

在某些情况下，虽然具备了燃烧的三个必要条件，也不一定能够发生燃烧。只有当可燃物的含量达到一定程度，并提供充足的氧气，才能使燃烧发生并持续。因此，可燃物的含量和最低含氧量是发生燃烧的充分条件。

失去控制的燃烧会演变为火灾，灭火的技术关键就是破坏维持燃烧所需的条件、破坏燃烧的进程。灭火的方法可归为冷却灭火法、隔离灭火法、窒息灭火法和化学抑制灭火法。前三种灭火方法是通过物理过程灭火；后一种方法是通过化学过程灭火。火灾都是通过运用这四种方法的一种或综合运用其中几种来扑救的。

冷却灭火法是将灭火剂直接喷射到燃烧物上，通过增加散热量，降低燃烧物温度于燃点以下，使燃烧停止；或者将灭火剂喷洒在火源附近的物体上，使其不受火焰辐射热的威胁，避免形成新的火点。冷却灭火法是灭火的一种主要方法，常用水和二氧化碳做灭火剂冷却降温灭火。灭火剂在灭火过程中不参与燃烧过程中的化学反应。

隔离灭火法就是将火源处或其周围的可燃物质隔离或移开，燃烧会因缺少可燃物而停止。

例如，将火源附近的可燃、易燃、易爆和助燃物品搬走；关闭可燃气体、液体管路的阀门，以减少和阻止可燃物质进入燃烧区；设法阻拦流散的液体；拆除与火源毗连的易燃建筑物；设置防火通道等。

窒息灭火法是阻止空气流入燃烧区或用不燃烧区或用不燃物质冲淡空气，使燃烧物得不到足够的氧气而熄灭的灭火方法。常见的窒息灭火方法如下：

1. 用沙土、水泥、湿麻袋、湿棉被等不燃或难燃物质覆盖燃烧物；

2. 喷洒雾状水、干粉、泡沫等灭火剂覆盖燃烧物；

3. 用水蒸气或氮气、二氧化碳稀有气体灌注发生火灾的容器、设备；

4. 密闭起火建筑、设备和孔洞；

5. 把不燃的气体或不燃液体喷洒到燃烧物区域内或燃烧物上。

化学抑制灭火法也称化学中断法，就是使灭火剂参与到燃烧反应过程中，使燃烧过程中产生的游离基消失，形成稳定分子或低活性游离基，使燃烧反应停止，如采用干粉扑灭气体火灾。

化学抑制灭火法适合扑灭有焰明火火灾，对深部火灾渗透性较差，应尽可能与水、泡沫等灭火剂联合使用。

（二）建筑消防给水系统概述

满足层数较多的民用建筑、大型公共建筑及某些生产车间的消防设备用水的室内给水系统，称为建筑消防给水系统。

建筑消防给水系统是建筑内部最为常见的灭火系统。

建筑消防用水必须按建筑防火规范要求，保证有足够的水量和水压。消防给水系统的水源应无污染、无腐蚀、无悬浮物，水的 pH 值应为 6.0～9.0。给水水源的水不应堵塞消火栓、报警阀、喷头等消防设施，即不应影响其运行。通常，建筑消防给水系统的水质基本上要达到生活水质的要求，消防水源的水量应充足可靠。

（三）消防给水管道的布置、敷设，防腐与涂色识别

1. 消防给水管道的布置

管道设计应统筹规划，做到安全可靠，经济合理、不影响生产安全和建筑物使用、满足施工和维修等方面的要求，并力求整齐美观；为了减少管道的转输流量，节约管材，减少水压损失，主干管应尽可能地靠近用水量大的用户；管道尽可能与墙、梁、柱平行，呈直线走向，力求管路简短，以减少工程量，降低造价；消防给水管道也不应穿越配电房、电梯机房、通信机房、大中小计算机房，计算机网络中心、音像库房等遇水会损毁设备和引发事故的房间，并避免在生产设备上方通过。消防管道在设计时应着眼于保证供水安全可靠、保护管道不受损坏，不应妨碍设备、机泵及其内部构件的安装与检修及消防车辆的通行；在管架、管墩上布置管道时，宜使管架或管墩所受的垂直荷载、水平荷载均衡。

2. 消防给水管道的敷设

消防给水管道不宜穿过建筑的伸缩缝、沉降缝和变形缝，如必须穿过，应采取相关措施。消防给水管道不应穿过防火墙或防爆墙。当管道在空中敷设时，必须采用固定措施，以保证施工方便和供水安全。管道穿过建筑物的楼板、屋顶或墙面时，应加套管，套管与管道间的空隙应密封。管道上的焊缝不应在套管内，且距离套管端部不应小于 150mm。套管应高出楼板屋顶面 50mm。此外，消防给水管道布置还应使管道系统具有必要的柔性，保证管道对设备、机泵管口作用力和力矩不超出允许值。

3. 消防给水管道的防腐与涂色识别

（1）消防给水管道的防腐

1）采用抗腐蚀管材，如铜管、合金管、塑料管、复合管等；

2）在金属管表面涂油漆、水泥砂浆、沥青等，以防止金属与水相接触而产生腐蚀；

3）阴极保护。

（2）消防给水管道的涂色识别

1）全部管道涂刷红色；

2）在管道上涂刷宽度为 100mm 的红色环；

3）在管道上用红色胶带缠绕宽度为 100mm 的红色环。

二、消火栓系统及其给水管网

（一）消火栓系统的分类与组成

1. 消火栓系统的分类

（1）按服务范围分类

消火栓系统按服务范围可分为市政消火栓系统、小区室外消火栓系统和建筑室内消火栓系统。

（2）按加压方式分类

消火栓系统按加压方式可分为常高压消火栓系统、临时高压消火栓系统和低压消火栓系统。

（3）按是否与生活、生产合用分类

消火栓系统按是否与生活、生产合用可分为合用的消火栓系统和独立的消火栓系统。

2. 消火栓系统的组成

（1）消防水源；

（2）取水设施；

（3）消防贮水池和高位消防水箱；

（4）输配水设施；

（5）消防用水设备。

（二）室外消火栓和室外消防给水管网

1. 室外消火栓

室外消火栓的类型如下：

（1）地上式室外消火栓；

（2）地下式室外消火栓。

2. 室外消防给水管网

（1）室外消防给水管网的类型

室外消防给水管网按消防水压要求可分为高压消防给水管网、临时高压消防给水管网和低压消防给水管网三种类型；按管网平面布置形式可分为环状消防给水管网和枝状消防给水管网；按用途不同可分为合用的消防给水管网和独立的消防给水管网。

（2）室外消防给水管网管径的确定

1）管段设计流量的确定

对于合用的消防给水管网，设计流量可采用下列两种方法确定。

第一种方法，按生产、生活最高日最大时用水量加上消防用水量的最大秒流量确定。采用这种方法选择出来的管径较大，对消防用水安全及今后管网的发展也较为有利；

第二种方法，按生活、生产最高日最大时用水量确定。采用这种方法选择的管径较小、较经济，但要进行消防校核。在灭火时会影响生产用水，甚至会引起生产事故的情况下，不宜采用此种方法确定管径。

对于独立的消防给水管网，其设计流量应按消防用水量最大秒流量确定，并适当留有余地，以满足扑救较大火灾的需要。

2）管段流速的确定

管段流速应根据消防给水系统的具体情况确定，对于生活、生产、消防栓合用给水管网，为使系统运行较经济，其水流速度宜按当地的经济流速确定；对于独立的消防给水管网，为防止管网因水击作用出现爆管，管网内的最大流速不宜大于 2.5m/s。

（3）室外消防给水管网的设置要求

1）城市市政或室外消防给水管网应布置成环状。

2）向环状管网输水的进水管不应少于 2 条，当其中 1 条发生故障时，其余的进水管应能满足消防用水总量要求。

3）环状管道应采用阀门分成若干独立段。

4）室外消防给水管道的直径不应小于 100mm，若有条件，最好不小于 150mm，以保证火灾发生时能提供最低的消防用水量。

5）室外消防给水管网设置的其他要求应符合现行国家标准《消防给水及消火栓系统技术规定》的有关规定。

（三）室外消防用水量和水压

1. 室外消防用水量

（1）城镇、居住区室外消防用水量

城市、居住区室外消防用水量如表 6-1 所示。

表 6-1　城市、居住区室外消防用水量

人数 N/ 万人	同一时间内的火灾次数	一次火灾用水量 /（L/s）
N ≤ 1	1	10
1<N ≤ 2.5	1	15
2.5<N ≤ 5	2	25
5<N ≤ 10	2	35
10<N ≤ 20	2	45
20<N ≤ 30	2	55
30<N ≤ 40	2	65
40<N ≤ 50	3	75
50<N ≤ 60	3	85
60<N ≤ 70	3	90
70<N ≤ 80	3	95
80<N ≤ 100	3	100

注：城市的室外消防用水量应包括居住区、工厂、仓库、堆场、储罐（区）和民用建筑的室外消火栓用水量。当工厂、仓库和民用建筑的室外消火栓用水量按《建筑设计防火规范》取值写本表不一致时，应取较大值。

（2）民用建筑的室外消防用水量

1）民用建筑一次灭火的室外消火栓用水量与建筑物的体积、耐火等级和生产类别有关。

2）一个单位内设有泡沫灭火设备、带架水枪、自动喷水灭火系统及其他室外消防用水设备时，其室外消防用水量应按上述同时使用的设备所需的全部消防用水量加上规定的室外消火栓用水量的50%确定，且不应小于规定值。

2. 室外消防用水水压和流量

（1）室外低压消火栓的压力和流量

1）室外低压消火栓的压力

室外低压消火栓的出口压力，应按照1条水带给消防车水罐灌水考虑，要保证2支水枪的流量。通过计算可知，最不利点室外消火栓的出口压力从室外设计地面算起，不应小于0.1MPa。

2）室外低压消火栓的流量

室外低压消火栓一般只供1辆消防车用水，常出2支口径为19mm的直流水枪，当火场需要水枪的充实水柱长度为10~15m，则考虑每支水枪的流量为5~6.5L/s，2支水枪的流量为10~13L/s，考虑到水带及接口的漏水量，每个低压消火栓的流量按10~15L/s计。

（2）室外高压或临时高压消火栓的压力和流量

1）室外高压或临时高压消火栓的压力

室外高压或临时高压消火栓的出口压力，在最大用水量时，应满足喷嘴口径为19mm的水枪，布置在任何建筑的最高处时，每支水枪的计算流量不应小于5L/s，其充实水柱长度不应小于10m，采用直径65mm、长20m的水带供水时的要求。

2）室外高压或临时高压消火栓的流量

室外高压或临时高压消火栓一般按出1支口径65mm的直流水枪考虑，水枪充实水柱为10~15m，因此要求每个高压消火栓的流量不小于5L/s。

（四）室内消火栓系统的类型

1. 按建筑高度分类

（1）单层或多层建筑消火栓系统

9层及9层以下的住宅（包括底层设置商业服务网点的住宅），建筑高度不超过24m的其他民用建筑、厂房和库房，以及建筑高度超过24m的单层公共建筑、工业建筑，属于单层或多层建筑。

设置在单层或多层建筑内的消火栓系统称为单层或多层建筑消火栓系统。

该类建筑发生火灾时，用消防车从室外水源抽水，接出水带和水枪，就能直接、有效地进行扑救。因此，单层或多层建筑消火栓系统主要用于扑救建筑物初期火灾。

（2）高层建筑消火栓系统

10层及10层以上的住宅（包括首层设置商业服务网点的住宅），建筑高度超过24m，

2 层及 2 层以上的其他民用、工业建筑，属于高层建筑。

设置在高层建筑内的消火栓系统称为高层建筑消火栓系统。

2. 按用途分类

合用的消火栓系统又分为生活、生产和消防合用消火栓系统，生产和消防合用消火栓系统，生活和消防合用消火栓系统。

3. 按用途分类

（1）独立的高压或临时高压消火栓系统

独立的高压或临时高压消火栓系统是指每幢建筑物独立设置贮水池、水泵和水箱的高压或临时高压消火栓系统。该系统供水安全可靠，但投资大、管理分散。因此，该系统仅在重要的高层建筑及地震区、人防要求较高的建筑中使用。

（2）区域集中的高压或临时高压消火栓系统

区域集中的高压或临时高压消火栓系统是指数幢或数十幢建筑共用一个加压水泵房的高压或临时高压消火栓系统。该系统管理集中、投资省，但在地震区安全系数低。因此，在有合理规划的建筑小区宜采用这种系统。

4. 按管网布置形式分类

（1）枝状管网消火栓系统

管网在平面上或立面上布置成树枝状的消火栓系统称为枝状管网消火栓系统。

其特点是水流从消防水源地向灭火设备单一方向流动，当某管段检修或损坏时，其后方无水，造成火场供水中断。因此，应该限制枝状管网消防系统的使用。

（2）环状管网消火栓系统

环状管网消火栓系统较枝状管网消火栓系统运行可靠性明显提升。除非特殊情况，应该推广使用环状管网消火栓系统。

（五）室内消火栓设备及设置要求

1. 室内消火栓设备——室内消火栓箱

室内消火栓箱由室内消火栓、水带和水枪组成。

（1）室内消火栓。

室内消火栓的规格性能如表 6-2 所示。

表 6-2　室内消火栓的规格性能

型号	进水口 /mm	出水口 /mm	工作压力 /MPa	强度试验压力 /MPa	外形尺寸（长 × 宽 × 高）/mm	质量 /kg
SN50	50	50	1.6	2.4	165 × 125 × 180	3.5
SNA50	50	50			200 × 120 × 180	4.0
SNS50	50	50 × 2			220 × 190 × 180	5.3
SN50	65	65			190 × 140 × 200	5.0
SNA50	65	65			230 × 140 × 200	5.4
SN50	65	65 × 2			230 × 190 × 220	7.2

（2）水带

水带阻力系数如表 6-3 所示。

表 6-3　水带阻力系数

水带材料	水带直径 /mm	
	50	65
麻质无衬	0.01501	0.0430
胶质衬里	0.0677	0.0172

（3）水枪

室内消火栓的布置，应保证有两支水枪的充实水柱同时到达室内任何部位。建筑高度小于或等于 24m 时，且体积小于或等于 5000m³ 的库房，可采用一支水枪充实水柱到达室内任何部位。

水枪的充实水柱长度应由计算确定，一般不应小于 7m，但甲、乙类厂房、超过六层的民用建筑、超过四层的厂房和库房内，不应小于 10m；高层工业建筑、高架库房内，水枪的充实水柱不应小于 13m 水柱。

2. 室内消火栓的保护半径

消火栓的保护半径是指某种特定规格的消火栓、水枪和一定长度的水带配套后，考虑消防人员使用此设备时有一定的安全保障，以消火栓为圆心，确定下来的能让消火栓可以充分发挥作用的水平距离。

$$R_f = fL_d + L_k$$

式中：

R_f——消火栓的保护半径，m；

f——水龙带的折减系数，多取 0.8；

L_d——水龙带的长度，m；

L_k——水枪的充实长度，m，对于层高不大于 3.5m 的建筑，取 3m；对于层高大于 3.5m 的建筑，按层高（m）× cos45° 确定。

3. 室内消火栓的布置原则、设置要求及室内消防管道的设置要求

（1）室内消火栓布置原则

应保证同层相邻 2 个消火栓的水枪充实水柱可同时到达室内任何部位。建筑高度不大于 24m，且体积不大于 5000m³ 的库房，可采用 1 个消火栓的水枪充实水柱到达室内任何部位。

（2）室内消火栓的设置要求

1）除无可燃物的设备层外，设置室内消火栓的建筑物，其各层均应设置消火栓；

2）消防电梯前室应设置消火栓；

3）室内消火栓应设置在位置明显且易于操作的部位；

4）冷库内的消火栓应设置在常温穿堂或楼梯间内；

5）室内消火栓的布置应保证每个防火分区同层有两支水枪的充实水柱同时达到室内任何部位；

6）室内消火栓栓口处的出水压力大于 0.5MPa 时，应设减压设施；静水压力大于 1.2MPa 时，应采用分区给水系统。

（3）室内消防管道的设置要求

1）室内消防给水系统应与生活、生产给水系统分开，独立设置。

2）高层建筑室内消防给水管道应布置成环状，确保供水干管和每条竖管都能做到双向供水；单层或多层建筑室内消火栓超过 10 个且室外消防用水量大于 15L/s 时，其消防给水管道应连成环状。

3）室内消防给水环状管网的进水管和区域高压或临时高压给水系统的引入管不应少于 2 根，当其中 1 根发生故障时，其余进水管或引入管应能保证消防用水量和水压。

4）高层消防竖管的布置，应保证同层相邻两个消火栓的水枪充实水柱同时达到被保护范围内的任何部位。

5）18 层及 18 层以下的单元式住宅，18 层及 18 层以下、每层不超过 8 户、建筑面积不超过 650m² 的塔式住宅，当设 2 条消防竖管有困难时，可设 1 条竖管，但必须采用双阀双出口型消火栓。

6）室内消火栓系统应与自动喷水灭火系统分开设置，有困难时，可合用消防水泵，但在自动喷水灭火系统的报警阀前必须分开。

7）高层建筑室内消防给水管道应采用阀门分成若干独立段。

8）高层厂房（仓库）、设置室内消火栓且层数超过 4 层的厂房（仓库）、设置室内消火栓且层数超过 5 层的公共建筑，其室内消火栓系统应设置水泵接合器。

9）严寒和寒冷地区非采暖的厂房（仓库）及其他建筑的室内消火栓系统，可采用干式系统，但在进水管上应设置快速启闭装置，管道最高处应设置自动排气阀。

（六）高层建筑消火栓系统的超压与减压

1.高层建筑消火栓系统超压的产生及危害

在高层建筑中，由于建筑层数较多，上、下层消火栓水压相差很大，因此，下层消火栓的流量比上层大得多。另外，消火栓栓口压力过大，造成水枪的反作用力很大，使得消防队员难以抓牢水枪，对扑灭火灾极为不利。因此，相关规范规定，当消火栓栓口的出水压力大于 0.5MPa 时，应采取减压措施。

高层建筑消火栓系统中，在静水压力的作用下，下层的管道系统有时会产生水锤、噪声和振动，零件配件需经常更换，增加管理费用。

水锤防护可采取以下措施：延长关闭阀门、水枪的时间；增加管道的壁厚；减小管道中的流速；选择消声止回阀；设置泄压装置和水锤消除器等。

2. 高层建筑消火栓系统的减压

（1）减压孔板

1）减压孔板的设置要求

减压孔板的设置应符合下列要求：减压孔板应设在直径不小于 50mm 的水平直管段上，前、后管段的长度均不宜小于设置管段直径的 5 倍；孔口直径不应小于设置管段直径的 30%，且不应小于 20mm；孔板应安装在水流转弯处下游一侧的直管段上。

2）减压孔板的设计计算

减压孔板的设计计算的主要内容是确定减压孔板的孔径。

水流通过减压孔板的水头损失，按下式计算：

$$H = \zeta \frac{v^2}{2g}$$

式中：

H——水流通过减压孔板的水头损失，$\times 10^4$ Pa；

ζ——孔板的局部阻力系数。

v——水流通过减压孔板的流速，m/s；

g——重力加速度，m/s²。

ζ 的计算公式为：

$$\zeta = \left[1.75 \frac{D^2}{d^2} \cdot \left(\frac{1.1 - \dfrac{D^2}{d^2}}{1.175 \dfrac{D^2}{d^2}} - 1 \right) \right]^2$$

式中：

D——消防竖管内径，mm；

d——减压孔板的孔径，mm。

通过上式即可确定减压孔板的孔径。

减压孔板的局部阻力系数取值如表 6-4 所示。

表 6-4　减压孔板的局部阻力系数

d/D	0.3	0.4	0.5	0.6	0.7	0.8
102 ζ	292	83.3	29.5	11.7	4.75	1.83

3）减压孔板的材料及安装要求

减压孔板采用黄铜或不锈钢材料加工而成，其孔口表面应光滑，板中心有圆孔。对于减压孔板的厚度：当管道直径为 50~80mm 时，厚度为 3mm；当管道直径为 100~150mm 时，厚度为 6mm；当管道直径为 200mm 时，厚度为 9mm。除管道直径 50mm 的减压孔板可以以丝扣方式在管道内安装外，减压孔板一般都靠法兰与管道连接。

（2）减压稳压型消火栓

减压稳压型消火栓克服了减压孔板的缺点，它不但能减掉消火栓系统的动压，而且能减掉静压。

室内减压稳压型消火栓的减压工作原理与普通的减压阀不同。普通的减压阀一般采用的是阀后取样技术，即通过检测阀后压力的变化来控制阀门的工作，而减压稳压型消火栓采用的是栓前取样技术，即通过检测栓前压力的变化来控制其内部减压稳压装置的工作。后者的减压稳压原理是：栓体内部采用活塞套、活塞及弹簧，由此组成减压装置。

（3）系统分区

减压稳压型消火栓解决了消火栓系统中消火栓处压力过剩的问题，但消火栓系统也不能承受过高的压力。对于系统超压问题，一般采用分区来解决。《建筑设计防火规范》中规定，当静水压力超过 1.0MPa 时，消火栓系统应采取分区系统。为防止水泵加压时产生的动压超过静压，分区可适当留有余地。对于消火栓系统，一般可按 0.5~0.55MPa 进行静压分区。

第七章 市政给水排水管道工程实践

城市建设与人们的生产生活息息相关,其中,城市建设的市政给排水工程则是重中之重,市政给排水工程的质量将会对城市化进程产生直接的影响。由于给水排水系统中当前应用的管材种类较多,管材加工及连接方式等较多,本章主要对给水排水管道工程常用施工工具、管道加工、管道连接、管道支吊架的安装等方面进行介绍,为给水排水管道工程实训及相关技能培养提供指导。

第一节 管道工程常用施工工具

1. 管钳

管钳是铁质管道、管件连接时,用来紧固或松动的工具,其主要有张开式和链条式两种。

(1)张开式管钳

张开式管钳主要用于扳动金属管子或其他圆形工件,是管路安装和修理工作中常用的工具。其主要由钳柄和活动钳口组成,用螺母调节钳口大小,钳口上有轮齿以便咬牢管子转动。

(2)链条式管钳

链条式管钳包含钳柄和一端与钳柄铰接的链条,钳柄的前端设有与链条啮合的牙,链条通过连接板与钳柄铰接,即连接板的一端与链条的一端铰接,连接板的另一端与钳柄铰接。

钳柄前端的牙呈圆弧分布。链条式管钳在工作时,链条的非铰接端是自由的,不与钳柄固定或铰接。管件的夹持、旋转是由管件和缠绕其的链条之间的摩擦力来实现的,而扭力是由钳柄前端的局部牙轮与链条的啮合力产生的,钳柄在管件表面没有施力作用点。

管钳使用注意事项:要选择合适的规格;钳头开口要等于工件的直径;钳头要卡紧工件后再用力扳,防止打滑伤人;用加力杆时长度要适当,不能用力过猛或超过管钳允许强度;管钳牙和调节环要保持清洁。

2. 手锯、割管器

(1)手锯

手锯是手工锯割的主要工具,可用于锯割零件的多余部分,锯断机械强度较大的金属板、金属棍或塑料板等,其主要有固定式手锯和可调式手锯两种。手锯由锯条和锯弓组成。

锯弓用来安装并张紧锯条，由钢质材料制成；锯条也由钢质材料制成，并经过热处理变硬。锯条的长度以两端安装孔的中心距离来表示。

手锯操作方法：

1）锯条的张紧程度要适当。过紧，容易在使用中崩断；过松，容易在使用中扭曲、摆动，使锯缝歪斜，也容易折断锯条。

2）握锯一般以右手为主，握住锯柄，加压力并向前推锯；以左手为辅，扶正锯弓。根据加工材料的状态（如板料、管材或圆棒），可以做直线式或上下摆动式的往复运动。

3）向前推锯时应均匀用力，向后拉锯时双手自然放松。

4）快要锯断时，应注意轻轻用力。

（2）割管器

割管器由滚刀、刀架与手把组成。

3. 扳手

（1）活动扳手

活动扳手主要用于拆装、维修管子、加工工件等方面，活动扳手的开口可以调节，在规定最大口径尺寸范围内。可以旋转各种不同大小的螺帽，具有使用范围较广的特点。

（2）呆扳手

呆扳手主要用于紧固或拆卸固定规格螺钉、螺母。其规格以两端开口宽度而定。

（3）内六角扳手

内六角扳手主要用于紧固或拆卸内六角螺钉。使用时，先将短六角头放入内六角孔内到底，左手下按，右手旋转扳手带动六角螺钉紧固或拆卸。其规格以内六角孔对边尺寸和扳手的长短而定。

第二节　管道加工

一、管道附属构筑物

为保证给水排水管道的正常运行，往往需设置操作及检查等用途的井室，设置保证管道运行的进出水口，设置稳定管道及管道附件的支墩和锚固结构。这些附属构筑物常常采用砖、石等砌体砌筑结构建造，部分采用混凝土或钢筋混凝土结构建造。

采用砖、石砌筑结构时，所用普通黏土砖的强度等级不应低于 MU7.5；石材应采用质地坚实、无风化和裂纹的料石或块石，其强度等级不应低于 MU20；水泥砂浆的强度等级不应低于 M7.5，其他砌筑材料也应符合设计要求；采用混凝土或钢筋混凝土结构时，混凝土强度等级及钢筋的配置应符合设计规定，混凝土强度一般不宜小于 C20。

（一）井室

井室的井底基础应与管道基础同时浇筑，两者基础浇筑条件应一致，如此既减少接缝，又避免了因接茬不好而产生裂缝或引起不均匀沉降。

1. 管道穿过井壁施工

管道穿过井壁的施工应符合设计要求。设计无要求时应符合下列规定：

（1）混凝土类管道、金属类无压管道，其管外壁与砌筑井壁洞圈之间为刚性连接时，水泥砂浆应坐浆饱满、密实。

（2）金属类压力管道、井壁洞圈应预设套管，管道外壁与套管的间隙应四周均匀一致，其间隙宜采用柔性或半柔性材料填嵌密实。

（3）化学建材管道宜采取中介层法与井壁洞圈连接。

（4）对于现浇混凝土结构井室，井壁洞圈应振捣密实。

（5）排水管道接入检查井时，管口外缘井内壁平齐；接入管径大于300mm时，对于砌筑结构井室应砌砖圈加固。

砌筑井室时，先用水冲净、湿润基础，然后铺浆砌筑。砌筑砂浆配合比符合设计要求，现场拌制应拌和均匀，随用随拌。如果采用砌块砌筑，则必须做到满铺满挤、上下搭砌，砌块之间的灰缝应保持10mm；对于曲线井室的竖向灰缝，其内侧灰缝不应小于5mm，外侧灰缝不应大于13mm；砌筑时不得有竖向通缝，且转角接茬可靠、平整，阴阳角清晰；需收口砌筑时，应按设计要求的位置设置钢筋混凝土梁进行收口；圆井采用砌块逐层砌筑收口，四面收口时每层收进不应大于30mm，偏心收口时每层收进不应大于50mm；砌块砌筑时，铺浆应饱满，灰浆与砌块四周黏结紧密，不得漏浆，上下砌块应错缝砌筑；砌筑时应同时安装踏步，踏步安装后在砌筑砂浆未达到规定抗压强度前不得踩踏。

排水管检查井内的流槽，宜与井壁同时砌筑。当采用砖石砌筑时，表面应用砂浆分层压实抹光，流槽应与上下游管道底部接顺，以减少摩擦阻力，有利于水流畅通。

井室砌筑或安装至规定高程后，应及时砌筑或安装井圈。井圈应以水泥砂浆坐浆并安装平稳。如井盖的井座及井圈采用预制构件时，坐浆应饱满；采用钢筋混凝土现浇制作时，应加强养护，不得受到损伤。

给水管道的井室安装闸阀时，井底距承口或法兰盘的下缘不得小于100mm。井壁与承口或法兰盘外缘的距离，当管径小于或等于400mm时，不应小于250mm；当管径大于或等于500mm时，不应小于350mm。其承口或法兰外缘与井壁、井底均需保持一定距离，才能提供安装、拆卸、换零件的操作空间。

管子穿越井室壁或井底时，应留有30~50mm的环缝，用油麻－水泥砂浆，油麻－石棉水泥或黏土填塞并捣实。阀门等给水附件下应设置混凝土支墩，保证附件不被损坏。

2. 预制装配式结构井室施工

（1）预制构件及其配件经检验符合设计和安装要求；

（2）预制构件装配位置和尺寸正确，安装牢固；

（3）采用水泥砂浆接缝时，企口坐浆与竖缝灌浆应饱满，装配后的接缝砂浆凝结硬化期间应加强养护，并不得受外力碰撞或震动；

（4）设有橡胶密封圈时，橡胶圈应安装稳固，止水严密可靠；

（5）设有预留短管的预制构件，其与管道的连接应按规范的有关规定执行；

（6）底板与井室、井室与盖板之间的拼缝，水泥砂浆应填塞严密，抹角光滑平整。

3. 现浇钢筋混凝土结构井室施工

（1）浇筑前，钢筋、模板工程经检验合格，混凝土配合比满足设计要求；

（2）振捣密实、无漏振、走模、漏浆等现象；

（3）及时进行养护，强度等级未达设计要求不得受力；

（4）浇筑时应同时安装踏步，踏步安装后在混凝土未达到规定抗压强度前不得踩踏。

有支连管接入的井室，应在井室施工的同时安装预留支、连管，预留管的管径、方向、高程应符合设计要求，管与井壁衔接处应严密；排水检查井的预留管管口宜采用低强度砂浆砌筑封口抹平。

4. 井室内部处理

（1）预留孔、预埋件应符合设计和管道施工工艺要求；

（2）排水检查井的流槽表面应平顺、圆滑、光洁，并与上下游管道底部接顺；

（3）透气井及排水落水井、跌水井的工艺尺寸应按设计要求进行施工；

（4）阀门井的井底距承口或法兰盘下缘以及井壁与承口或法兰盘外缘应留有安装作业空间，其尺寸应符合设计要求；

（5）不开槽法施工的管道，工作井作为管道井室使用时，其洞口处理及井内布置应符合设计要求。

给排水井盖选用的型号、材质应符合设计要求，设计未要求时，宜采用复合材料井盖，行业标志明显；道路上的井室必须使用重型井盖，装配稳固。

（二）雨水口

雨水口的位置及深度应符合设计要求，不得外扭。雨水口支管的管口应与井墙平齐；与检查井的连管应直顺、无错口，坡度应符合设计规定。雨水口底座及连管应设在坚实土质上。连管埋设深度较小时，应对埋管进行负荷校核，超过破坏荷载时，对连管应采取必要的加固措施。

1. 基础施工

（1）开挖雨水口槽及雨水管支管槽，每侧宜留出 300~500mm 的施工宽度；

（2）槽底应夯实并及时浇筑混凝土基础；

（3）采用预制雨水口时，基础顶面宜铺设 20~30mm 厚的沙垫层。

位于道路下的雨水口，雨水支、连管应根据设计要求浇筑混凝土基础。坐落于道路基层内的雨水支连管应做 C25 级混凝土全包封，且包封混凝土达到 75% 设计强度前，不得放行交通。井框、井算应完整无损、安装平稳、牢固。

2. 砌筑施工

（1）管端面在雨水口内的露出长度，不得大于 20mm，管端面应完整无破损；

（2）砌筑时，灰浆应饱满，随砌、随勾缝，抹面应压实；

（3）雨水口底部应用水泥砂浆抹出雨水口泛水坡；

（4）砌筑完成后雨水口内应保持清洁，及时加盖，保证安全。

3. 冬、雨季施工

雨期施工时，为防止杂物或泥水进入管道，井身应一次性砌起。当施工段较长不能及时还土时，可在检查井的井室侧墙底部预留进水孔，以防产生较大降雨时，雨水进槽产生漂管事故。遇此紧急情况，可将预留孔打开使入槽之水由此进入管道，以与水的浮力相平衡，防止发生漂管、折管事故。

冬期砌筑检查井应采取防寒措施，并应在两管端加设风挡。

（三）进出水口构筑物

管道进出水口一般分为一字式翼墙和八字式翼墙两种。一字式翼墙用于与渠道顺连；八字式翼墙用于与渠道成 90°～135° 夹角的交错相接。

1. 基础施工

进出水口构筑物宜在枯水期施工。若采用石砌时，可采用片石、料石、块石等；在冰冻情况下，不可采用砖砌。

构筑物的基础应建在原状土上，当地基土松软或被扰动时，可采用沙石回填块石砌筑或浇筑混凝土等方法来保证地基符合设计要求。进出水口的泄水孔必须通畅，不得倒流。

2. 翼墙施工

翼墙变形缝应位置准确，安设顺直，上下贯通，其宽度允许偏差应为 0～5mm。

翼墙后背填土时，应在混凝土或砌筑砂浆达到设计抗压强度标准值以后，方可进行；填土应分层压实，其压实度不得小于 95%。填土时墙后不得有积水；墙后反滤层与填土应同时进行，反滤层铺筑断面不得小于设计规定，即必须保证反滤层的铺筑厚度，不能因边铺反滤层边填土而使土侵入反滤层的厚度范围。另外，泄水孔的滤层有时滤料级配有多种，分层厚度也有变化。

3. 防潮闸门井、护坡、护坦施工

管道出水口防潮闸门井的混凝土浇筑前，应将防潮闸门框架的预埋件固定，预埋件中心位置允许偏差应为 3mm。

护坦干砌时，嵌缝应严密，不得松动；浆砌时灰缝砂浆应饱满，缝宽均匀，无裂缝、无鼓起，表面平整。干砌护坡应使砌体边沿封砌整齐、坚固，不被掏空，必要时应加强护坡。

护坡砌筑的施工顺序应自下而上，石块间相互交错，使砌体缝隙严密，砌块稳定，坡面平整，并不得有通缝叠砌和架空现象。砌筑护坡的坡度不应陡于设计规定；坡面及坡底应平整；坡脚顶面高程允许偏差应在 ±20mm 范围内；砌体厚度不应小于设计规定。

（四）支墩

钢管、铸铁管、预应力管等压力管道在管道运行时，由于管内水流惯性力的作用，在弯头、三通、堵头及叉管处产生纵向或竖向拉力。为了保护管道不受破坏，以防管道节口受拉脱节，应根据管径大小转角、管内压力、土质情况以及设计要求设置支墩或锚定结构。

支墩施工前，应将支墩部位的管节、管件表面清理干净。

管道及管道附件的支墩和锚定结构应位置准确，锚定应牢固。钢制锚固件必须采取相应的防腐处理。

支墩应在坚固的地基上修筑。当无原状土做后背墙时，应采取措施保证支墩在受力情况下，不致破坏管道接口。当采用砌筑支墩时，原状土与支墩间应采用砂浆填塞、管道支墩应在管道接口做完、管道位置固定后修筑。支墩宜采用混凝土浇筑，其强度等级不应低于 C15，采用砌筑结构时，水泥砂浆强度不应低于 M7.5。管道安装过程中的临时固定支架，应在支墩的砌筑砂浆或混凝土达到规定强度后方可拆除。

管道及管件支墩施工完毕，并达到强度要求后方可进行水压试验。

二、明渠衬砌

现场开挖的渠道应进行衬护，即用灰土、水泥土、块石、混凝土、沥青、土工织物等材料在渠道内壁铺砌——衬护层，以防止渠道受冲刷，并可减少输水时的渗漏，提高渠道输水能力；明渠应尽量减小渠道断面尺寸，以降低工程造价；还要考虑维护和管理的方便性。明渠常用的衬护方法有灰土衬护、砌石衬护、混凝土衬护和土工织物衬护等。

1. 灰土衬护

灰土由石灰和土料混合而成，灰土比为 1：2~1：6（质量比），衬护厚度一般为200~400mm。灰土衬护的渠道，防渗效果较好，一般可减少渗漏量的 85%~95%，造价较低。但其不耐冲刷。

施工时，先将过筛后的细土和石灰粉干拌均匀后，再加水拌和，堆放一段时间后，使石灰充分熟化，待稍干后，即可分层铺筑夯实，拍打坡面消除裂缝。对边坡较缓的渠道，可不立模板直接填筑，铺料要自下而上，先渠底后边坡。对边坡较陡的渠道必须立模填筑，一般模板高 0.5m，分三次上料夯实。灰土夯实后应养护一段时间再通水。

2. 砌石衬护

砌石衬护有干砌块石、干砌卵石和浆砌块石三种形式。干砌块石和干砌卵石用于土质较好的渠道，主要起防冲刷作用；浆砌块石用于土质较差的渠道，起抗冲防渗的作用。

砌筑顺序应遵循"先渠底，后边坡"的原则。砌筑质量要达到"横成排、三角缝、六面靠、踢不动、拔不掉"的要求。

在沙砾石地区，对坡度大、渗漏较大的渠道，采用干砌卵石衬护是一种经济的防渗措施，一般可减少渗漏量 40%～60%。但卵石表面光滑，尺寸和重量较小，形状不一，稳定性差，砌筑质量要求较高。干砌卵石施工时，应按设计要求先铺设垫层，然后再砌卵石。砌筑用卵石以外形稍带扁平且大小均匀为好。砌筑时宜采用直砌法，即卵石的长边要垂直于渠底，并砌紧，砌平，错缝，且位于垫层上。砌筑坡面时，要挂线自上而下分层砌筑，渠道边坡以 1：1.5 左右为宜，太陡会使卵石不稳，易被水流冲走；太缓则会减少卵石之间的挤压力，增加渗漏损失。为了防止砌筑面被局部冲毁，通常每隔 10～20m 用较大卵石在渠底和边坡干砌或浆砌一道隔墙，隔墙深 600～800mm，宽 400～500mm，以增加渠底和边坡的稳定性。渠底隔墙可做成拱形，其拱顶迎向水流，以提高抗冲能力。砌筑完后还应进行灌缝和卡缝。灌缝是将较大的石子灌进砌缝中；卡缝是用木榔头或手锤将小片石轻轻砸入砌缝中。灌缝和卡缝完毕后在砌体表面扬铺一层沙砾，用少量水进行放淤，一边放水，一边投入沙砾石碎土，直至砌缝被泥沙填实为止。这样既可保证渠道运行安全，又可提高防渗效果。

3. 混凝土衬护

混凝土衬护具有强度高糙率低、防渗性能好（可减少渗漏 90% 以上）、适用性强和维护工作量小等优点，因而，被广泛应用。混凝土衬护有现浇式、预制装配式和喷混凝土等几种形式。

4. 土工织物衬护

土工织物用锦纶、涤纶、丙纶等高分子合成材料通过纺织、编制或无纺的方式加工成的一种新型土工材料，广泛用于工程的防渗、反滤、排水等施工中，一般采用混凝土模袋衬护或土工膜衬护。

（1）混凝土模袋衬护

先用透水不透浆的土工织物缝制成矩形模袋，把拌好的混凝土装入模袋中，再将装了混凝土的模袋铺砌在渠底或边坡处（也可先将模袋铺在渠底或边坡，再将混凝土灌入模袋中），混凝土中多余的水分可从模袋中挤出，从而使水灰比迅速降低，形成高密度、高强度的混凝土衬护。衬护厚度一般为 150～500mm，混凝土坍落度为 200mm。利用混凝土模袋衬护渠道，衬护结构柔性好，整体性强，能适应基面变形。

（2）土工膜衬护

渠道防渗以前多采用普通塑料薄膜，因塑料薄膜容易老化，耐久性差，现已被新型防渗材料——复合防渗土工膜取代。复合防渗土工膜是在塑料薄膜的一侧或两侧贴以土工织物，以此保护防渗薄膜不受破坏，增加土工膜与土体之间的摩擦力，防止土工膜滑移，提高铺贴稳定性。复合防渗土工膜有一布一膜、二布一膜等形式，具有极高的抗拉、抗撕裂能力和良好的柔性，可使因基面的凹凸不平产生的应力得以很快分散，适应变形的能力强；由于土工织物具有一定的透水性，土工膜与土体接触面上的孔隙水压力和浮托力易于消散；有一定的保温作用，减小了土体冻胀对土工膜的破坏。为了减少阳光照射，增加其抗老化性能，土工膜要采用埋入法铺设。

三、管道材料

1. 无缝钢管

无缝钢管是一种具有中空截面，周边没有接缝的长条钢材。钢管具有中空截面，大量用作输送流体的管道，如输送石油、天然气、煤气、水及某些固体物料的管道等。

（1）无缝钢管的外径

钢管的外径分为三个系列：系列1、系列2和系列3。系列1是通用系列，属推荐选用系列；系列2是非通用系列；系列3是少数特殊专用系列。普通钢管的外径分为系列1、系列2和系列3；精密钢管的外径分为系列2和系列3；不锈钢管的外径分为系列1、系列2和系列3。

（2）无缝钢管的分类

钢管的外径和壁厚，分为普通钢管的外径和壁厚精密钢管的外径和壁厚和不锈钢管的外径和壁厚三类。本节中主要介绍普通钢管的外径和壁厚。

（3）无缝钢管的允许偏差

1）外径和壁厚的允许偏差的选择应考虑钢管用途和制造钢管的工艺装备，优先选用的标准化外径允许偏差。

2）产品标准所采用的外径和壁厚的允许偏差应优先选择标准化的允许偏差。根据用户要求及产品的特殊性，也可选用非标准化或其他允许偏差。

此外，特殊用途的钢管和冷轧（拔）钢管外径允许偏差可采用绝对偏差。

2. 焊接钢管

焊接钢管也称焊管，是用钢板或钢带经过卷曲成型后焊接制成的钢管。焊接钢管生产工艺简单，生产效率高，品种规格多，设备投资少，但一般强度低于无缝钢管。随着优质带钢连轧生产的迅速发展以及焊接和检验技术的进步，焊缝质量不断提高，焊接钢管的品种规格也日益增多，并在越来越多的领域代替了无缝钢管。焊接钢管按焊缝的形式分为直缝焊管和螺旋焊管。

直缝焊管生产工艺简单，生产效率高，成本低，发展较快；螺旋焊管的强度一般比直缝焊管高，能用较窄的坯料生产管径较大的焊管，还可以用同样宽度的坯料生产管径不同的焊管。与相同长度的直缝管相比，焊缝长度增加30%~100%，而且生产速度较低。因此，较小口径的焊管大都采用直缝焊，大口径焊管则大多采用螺旋焊。

四、排水管渠材料

1. 对排水管渠材料的要求

（1）排水管渠必须具有足够的强度，以承受外部的荷载和内部的水压，以保证在运输和施工过程中不损坏；

（2）排水管渠应具有抵抗污水中杂质的冲刷和磨损以及抗腐蚀性能；

（3）排水管渠应具有良好的抗渗性，以防止污水渗出和地下水渗入。若污水从管渠中渗出则污染地下水；若地下水深入管渠则影响正常的排水工作；

（4）排水管渠应具有良好的水力条件，减少水头阻力，使排水畅通；

（5）排水管渠应就地取材，降低造价，减少投资。

2. 常用排水管渠

（1）混凝土管

以混凝土为主要材料制成的圆形管材称为混凝土管。混凝土管适用于排除雨水、污水。可在专门的工厂预制，也可以现场浇制。混凝土管的直径一般小于 450mm，长度一般为 1m。

混凝土管的管径通常有承插式、企口式、平口式。

（2）钢筋混凝土管

为了增大管道强度，在混凝土中加入钢筋制成钢筋混凝土管。钢筋混凝土管适用于当管道埋深较大或敷设在土质条件不良地段。当管径大于 500mm 时常采用钢筋混凝土管。钢筋混凝土管分为轻型钢筋混凝土管和重型钢筋混凝土管。

混凝土管和钢筋混凝土管的主要优点是原料充足，造价低。可预制和现场浇制，故制造工艺简便，但管节较短、接头较多、大口径管自重大、抗酸碱腐蚀能力差。

（3）陶土管

陶土管是用塑性耐火黏土制坯，经高温煅烧制成的。为了防止在煅烧过程中产生裂缝，在其中按一定比例加入耐火黏土和石英砂。根据需要可制成无釉、单面釉、双面釉陶土管。陶土管一般制成圆形断面，有承压式和平口式两种；陶土管管径一般不超过 600mm，管长在 0.8～1.0m；陶土管的特点是耐酸碱，抗腐蚀性能强，但质脆宜碎，强度低不能承受内压，管接短，接口多。

（4）金属管

金属管一般使用于外荷载很大或对渗漏要求特别高的场合，如排水泵站的进出水管、穿越铁路、河道的倒虹管或靠近给水管道和房屋基础时。常用的金属管有铸铁管和钢管。铸铁管的特点是经久耐用，有较强的耐腐蚀性，但质地较脆，抗弯抗折性能差，重量较大；钢管的特点是能耐高压、耐振动、重量较轻、单管的长度大、接口方便，但耐腐蚀性差，采用钢管时必须涂刷耐腐蚀性的涂料并注意绝缘。

（5）其他管材

随着新型建筑材料的不断研究，用于排水管道的材料也不断增加。如玻璃纤维混凝土管、加筋的热固性树脂管、离心混凝土管、聚氯乙烯塑胶硬质管、PUC 管、铝合金 UPVC复合排水管等。

以上是常用的管材，在选择管材时，应在满足技术要求的前提下，尽可能就地取材，采用当地易于自制、便于供应和运输方便的材料，以使运输及施工总费用降至最低。

3. 排水管渠系统上的构筑物

为了保证有效地排除污水，在排水系统上除了设置管渠以外还需要设置其他一些必要的构筑物。如雨水口、连接暗井、溢流井、检查井、倒虹管等。

（1）雨水口、连接暗井、溢流井

雨水口是雨水管渠或河流管渠上收集雨水的构筑物。地面及街道路面的雨水口通过雨水连接管流入排水管渠。

雨水口一般设置在交叉路口、路侧边沟的一定距离处，以及没有道路边石的低洼地处。道路上雨水口的间距一般为 20~50m，当道路坡度大于 0.02 时，雨水口的间距可大于50m，雨水口的深度一般不宜大于 1m。并可以在路面较差、菜市场等地方设置沉泥槽。

雨水口的构造包括进水箅、井筒和连接管三部分组成。井筒可用砖砌或钢筋混凝土预制，也可以采用预制的混凝土管。

雨水口由连接管和街道排水管渠的检查井连接。连接管的最小管径为 200mm，坡度一般为 0.01，长度一般不超过 25m，同一个连接管上的雨水口一般不超过 3 个。当排水管径大于 800mm 时，可在连接管与排水管连接处不设检查井，而设连接暗井。

溢流井是截流干管上最主要的构筑物。通常在合流管渠与截流干管的交汇处设置溢流井，分别为截流槽式、溢流堰式和跳跃堰式。

（2）检查井

为了便于对排水管渠系统做定期检查、维修、清通和连接上、下游管道，必须设置检查井。通常设在管渠交汇、转弯、管渠尺寸或坡度改变、跌水等处，以及相隔一定距离的直线管渠段上。

检查井一般采用圆形，大型管渠的检查井也有矩形和扇形。检查井由三部分组成：井底、井身、井盖。

检查井的井底一般采用低标号的混凝土，基础采用碎石、卵石、碎砖夯实或低标号混凝土。为使水流流过检查井时阻力较小，井底宜设半圆形或弧形流槽，两侧为直壁。污水管道的检查井流槽顶与上、下游管道的管顶向平，或与 0.85 倍大管管径处相平，雨水管渠和合流管渠的检查井流槽顶可与 0.5 倍大管管径处相平。流槽两侧到检查井壁间的底板应有一定宽度，一般不小于 20cm。以便养护人员下井时立足，并应有 0.02~0.05 的坡度坡向流槽，以防检查井积水时淤泥沉积。在管渠转弯或几条管渠交汇处，流槽中心线的弯曲半径应按转角大小和管径大小确定，但不得小于大管的管径，目的是使水流通顺。

井身的构造与是否需要工人下井有密切关系。不需要下人的浅井，一般为直壁筒形，井径一般为 500~700mm；对于经常要检修的检查井，其井口大于 800mm 为宜。

检查井的井盖一般为圆形，直径采用 0.65~0.70m，可采用铸铁或钢筋混凝土材料，在车行道上一般采用铸铁，在人行道或绿化地带可采用钢筋混凝土。为防止雨水流入，盖顶略高出地面。

检查井有三种特殊形式：跌水井、水封井、换气井。当检查井内衔接的上下游管渠的管底标高跌落差大于 1m 时，为消减水流速度，防止冲刷，在检查井内应有消能措施，这种检查井叫跌水井。跌水井的形式有竖管式和溢流堰式。当管径直径 ≤ 400mm 时，采用竖管式跌落井。竖管式跌水井的一次允许跌落高度随管径大小不同而异；当直径 >400mm 时，采用溢流堰式跌水井。溢流堰式跌水井跌水水头高度、跌水方式及井身长度应通过有关水力计算来确定。

当检查井内具有水封设施，以便隔绝易爆、易燃气体进入排水管渠，使排水管渠在进入可能遇火的场地时不致引起爆炸或火灾，这种检查井叫水封井。水封井的位置应该设在产生上述废水的生产装置、贮罐区、原料贮运场地、成品仓库、容器洗涤车间等的废水排出口处及适当距离的干管上。水封井不宜设在车行道和行人多的地段，并应适当远离产生明火的场地。水封井的深度一般采用 0.25m。井上宜设通风管，井底宜设沉泥槽。

换气井是一种设有通风管的检查井。由于污水中的有机物常在管道中沉积而厌氧发酵，产生甲烷、硫化氢、二氧化碳等气体，如与一定体积的空气混合，在点火条件下将产生爆炸，甚至引起火灾。为防止此类事件发生，同时，为了保证检修排水管渠时工作人员能安全地进行操作，有时在街道排水管的检查井上设置通风管，使有害气体在住宅竖管的抽风作用下，随空气沿庭院管道、出户管及竖管排入大气中。

（3）倒虹吸管

排水管道遇到障碍物，如穿过河道、铁路等地下设施时，管道不能按原有坡度埋设，而是以下凹的折线方式从障碍物下通过，这种管道称倒虹吸管。倒虹管由进水井、管道及出水井三部分组成。

第三节　管道连接

一、地下管道开槽施工

（一）施工降排水

明沟排水包括地面截水和坑内排水。

1. 地面截水

排除地表水和雨水，最简单的方法是在施工现场及基坑或沟槽周围筑堤截水。通常利用挖出的土沿四周或迎水一侧、两侧筑 0.5~0.8m 高的土堤。

施工时，应尽量保留、利用天然排水沟道，并进行必要的疏通。若无天然沟道，则在场地四周挖排水明沟排水，以拦截附近地表水，并注意与已有建筑物保持一定安全距离。

2. 坑内排水

在开挖不深或水量不大的基坑或沟槽时，通常采用坑内排水的方法。

坑（槽）开挖时，为排除渗入坑（槽）的地下水和流入坑（槽）内的地表水，一般可采用明沟排水。当基坑或沟槽开挖过程中遇到地下水或地表水时，在基坑的四周或迎水一侧、两侧或在基坑中部设置排水明沟，在四角或每隔30~40m，设一个集水井，使地下水汇流集于集水井内，再用水泵将地下水排除至基坑外。

排水沟、集水井应设置在管道基础轮廓线以外，排水沟边缘应离坡脚不小于0.3m。排水沟的断面尺寸，应根据地下水量及沟槽的大小来决定，一般断面不小于0.3m×0.3m，沟底设有的1%~5%纵向坡度，且坡向集水井。

集水井一般设在沟槽一侧或设在低洼处，以减少集水井土方开挖量。集水井直径或边长，一般为0.7~0.8m，一般开挖过程中集水井底始终低于排水沟底0.5~1.0m，或低于抽水泵的进水阀高度。当基坑或沟槽挖至设计标高后，集水井底应低于基坑或沟槽底1~2m。并在井底铺垫约0.3m厚的卵石或碎石组成滤水层，以免抽水时将泥沙抽出，防止井底的土被扰动。井壁应用木板、铁笼、混凝土滤水管等简易支撑加固。

排水沟进水口需要经常疏通，集水井需要经常清除井底的积泥，保持必要的存水深度以保证水泵的正常工作。集水井排水常用的水泵有离心泵、潜水泥浆泵、活塞泵和隔膜泵。

明沟排水是一种常用的简易的降水方法，适用于除细沙、粉沙之外的各种土质。

如果基坑较深或开挖土层由多种土层组成，中部夹有透水性强的沙类土层时，为防止上层地下水冲刷基坑下部边坡，造成塌方，可设置分层明沟排水，即在基坑边坡上设置2~3层明沟及相应的集水井，分层阻截并排除上部土层中的地下水。

（二）沟槽开挖

1.编制施工方案

沟槽开挖时，施工单位应根据施工现场的地形、地貌及其他设施情况，在了解施工现场的地质及水文地质资料的基础上，结合工程所在地的材料、水电、交通及机械供应情况，编制施工设计方案。

2.施工现场准备

施工现场准备主要是场地清理与平整工作、施工排水、管线的定位与放线工作。

开挖沟槽时，在管道沿线进行测量和施工放线，建立临时水准点和管道轴线控制桩，而且要求开槽铺设管道沿线临时水准点每200m不宜少于1个临时水准点、管道轴线控制桩、高程桩，应经复核方可使用，并经常校核。

3.沟槽及基坑土方量计算

（1）沟槽土方量计算

沟槽土方量计算通常采用平均法。由于管径的变化、地面起伏的变化，为了更准确地计算土方量，应沿长度方向分段计算。

（2）基坑土方量计算

基坑土方量可按立体几何中柱体体积公式计算。

4. 沟槽及基坑的土方开挖

（1）土方开挖的一般原则

1）合理确定开挖顺序

应结合现场的水文、地质条件，合理确定开挖顺序，并保证土方开挖按顺序进行。如相邻沟槽和基坑开挖时，应遵循先深后浅或同时进行的施工顺序。

2）土方开挖不得超挖

采用机械挖土时，可在设计标高以上留 20cm 土层不挖，待人工清理。即使采用人工挖土也不得超挖。如果挖好后不能及时进行下一工序，可在基底标高以上留 15cm 土层不挖，待下一工序开始前再挖除。

3）人工开挖时应保证沟槽槽壁稳定

一般槽边上缘至弃土坡脚的距离应不小于 0.8~1.5m，堆土高度不应超过 1.5m。

4）采用机械开挖沟槽时

应由专人负责掌握挖槽断面尺寸和标高。施工机械离槽边上缘应有一定的安全距离。

5）软土、膨胀土地区开挖土方或进入季节性施工时

应遵照有关规定。

（2）开挖方法

1）沟槽放线

沟槽开挖前，应建立临时水准点并加以核对、测设管道中心线、沟槽边线及附属构筑物位置。临时水准点一般设在固定建筑物上，且不受施工影响，并妥善保护，使用前要校测。

沟槽边线测设好后，用白灰放线，以作为开槽的依据。根据测设的中心线，在沟槽两端埋设固定的中线桩，以作为控制管道平面位置的依据。

2）开挖方法及机械化施工方案选择

土方开挖方法分为人工开挖和机械开挖两种方法。为了减轻繁重的体力劳动，加快施工速度，提高劳动生产率，应尽量采用机械开挖。

沟槽、基坑开挖常用的施工机械有单斗挖土机和多斗挖土机两种，机械开挖适用于一、三类土。单斗挖土机在沟槽或基坑开挖施工中应用广泛。按其工作装置不同，分为正铲、反铲、拉铲和抓铲等，按其操纵机构的不同，分为机械式和液压式两类。

开挖沟槽应优先考虑采用单斗反铲挖土机，并根据管沟情况，采取沟端开挖或沟侧开挖。大型基坑施工常采用正铲挖土机挖土，自卸汽车运土；当基坑有地下水时，可先用正铲挖土机开挖地下水位以上的土，再用反铲、拉铲或抓铲开挖地下水位以下的土。

机械开挖前，应对司机详细交底，主要指挖槽断面（深度、边坡、宽度）的尺寸、堆土位置、地下其他构筑物具体位置及施工要求，并制定安全措施后，方可施工。

二、地下管道不开槽施工

敷设市政管道，一般采用开槽方法。开槽施工时要开挖大量土方，并要有临时存放场地，以便安好管道后进行回填。这种施工方法污染环境，占地面积大、阻碍交通，给工农业生产和人们的日常生活带来极大不便。而不开槽施工可以避免以上问题。

不开槽施工的适用范围很广，一般遇到下列情况时就可采用：管道穿越铁路、公路、河流或建筑物时；街道狭窄，两侧建筑物多时；在交通量大的市区街道施工，管道既不能改线又不能断绝交通时；现场条件复杂，与地面工程交叉作业，相互干扰，易发生危险时；管道覆土较深，开槽土方量大，并需要支撑时。

影响不开槽施工的因素包括地质、管道埋深、管道种类、管材及接口、管径大小、管节长度、施工环境、工期等，主要因素是地质和管节长度。

与开槽施工比较，不开槽施工具有如下特征：

1. 施工面由线缩成点，占地面积少；施工面移入地下，不影响交通，不污染环境。

2. 穿越铁路、公路、河流、建筑物等障碍物时可减少沿线的拆迁，节省资金与时间，降低工程造价。

3. 施工中不破坏现有的管线及构筑物；不影响其正常使用。

4. 大量减少土方的挖填量。一般开槽施工要浇筑混凝土基础，而不开槽施工是利用管底下边的天然土做地基，可节省管道的全部混凝土基础。

5. 降低工程造价。不开槽施工较开槽施工可降低 40% 左右的费用。

但是，这项技术也存在以下一些问题：土质不良或管顶超挖过多时，竣工后地面下沉，路表裂缝，需要采用灌浆处理；必须有详细的工程地质和水文地质勘探资料，否则将出现不易克服的困难；遇到复杂的地质情况时（如松散的沙砾层、地下水位以下的粉土），则施工困难、工程造价提高。

因此，不开槽施工前，应详细勘察施工场地的工程地质、水文地质和地下障碍物等情况。

不开槽施工一般适用于非岩性土层。在岩石层、含水层施工或遇坚硬地下障碍物，都需有相应的附加措施。

地下给水排水管道不开槽施工方法有很多种，主要分为掘进顶管。挤压土顶管，盾构掘进衬砌成型管道或管廊。采用哪种方法，取决于管道用途、管径、土质条件、管长等因素。

用不开槽施工方法敷设的给水排水管道种类有钢管、钢筋混凝土管及预制或现浇的钢筋混凝土管沟（渠、廊）等。采用较多的管道种类还是各种圆形钢管、钢筋混凝土管、玻璃钢管。

（一）掘进顶管法

掘进顶管施工需先在管道一端挖工作坑，再按照设计管线的位置和坡度，在工作坑底修筑基础、设置导轨，将管安放在导轨上。顶进前，在管前端挖土，后面用千斤顶将管逐节顶入，反复操作，直至顶至设计长度为止。千斤顶支承于后背，后背支承于后座墙上。

人工掘进顶管又称普通顶管，是目前较为普遍的顶管方法。管前用人工挖土，设备简单，能适应不同的土质，但工效较低。

1. 工作坑及其选择

（1）工作坑位置选择

顶管工作坑是顶管施工时在现场设置的临时性设施，工作坑内包括后背、导轨和基础等。工作坑是人、机械、材料较集中的活动场所，因此，工作坑的选择应考虑以下原则：尽量选择在管线上的附属构筑物位置上，如闸门井、检查井处；单向顶进时，工作坑宜设置在管线下游。

（2）工作坑种类

按照工作坑的使用功能，有单向坑、双向坑、多向坑、转向坑、交汇坑。

单向坑的特点是管道只超一个方向顶进，工作坑利用率低，只适用于穿越障碍物。双向坑的特点是在工作坑内定完一个方向管道后，调过头来利用顶入的管道做后背，再顶进相对方向的管道，工作坑利用率高，适用于直线式长距离顶进；多向坑，一般用于管道拐弯处，或支管接入干管处，在一个工作坑内，向二至三个方向顶进，工作坑利用率高。转向坑类似于多向坑；交会坑是在其他两个工作坑内，从两个相对方向向交会坑顶进，在交会坑内对口相接。交会坑适用于顶近距离长或一端顶进出现过大失误时使用，但工作坑利用率低，一般情况下不使用。

（3）工作坑尺寸

工作坑的尺寸是指工作坑底的平面尺寸，它与管径大小、管节长度，覆土深度、顶进形式、施工方法有关，并受土质、地下水等条件影响，还要考虑各种设备布置位置、操作空间、工期长短，垂直运输条件等多种因素。

2. 顶进设备

顶进设备种类很多，一般采用液压千斤顶。液压千斤顶的构造形式分活塞式和柱塞式两种。为了减少缸体长度而又要增加行程长度，宜采用多行程和长行程千斤顶，以减少搬放顶铁时间，提高顶管速度。

按千斤顶在顶管中的作用一般可分为：用于顶进管节的顶进千斤顶；用于校正管节位置的矫正千斤顶；用于中继间顶管的中继千斤顶。

3. 管前人工挖土与运土

（1）挖土

顶进管节的方向和高程的控制，主要取决于挖土操作。工作面上挖土不但影响顶进效率，更重要的是，影响质量控制。

对工作面挖土操作的要求：根据工作面土质及地下水位高低来决定挖土的方法；必须在操作规程规定的范围内超挖；不得扰动管底地基土；及时顶进和测量，及时将管前挖出的土运出管外。人工每次掘进深度，一般等于千斤顶的行程。

（2）运土

从工作面挖下来的土，通过管内水平运输和工作坑的垂直提升送至地面。除保留一部分土方用作工作坑的回填外，其余都要运走弃掉。管内水平运输可用卷扬机牵引或电动内燃的运土小车在管内进行有轨或无轨运土，也可用带式运输机运土。土运到工作坑后，由地面装置的卷扬机、门式起重机或其他垂直运输机械吊运到工作坑外运走。

（二）挤压土顶管和管道牵引不开槽铺设

挤压土顶管一般分为两种：出土挤压顶管和不出土挤压顶管。

1. 挤压土顶管的优点及适用条件

（1）挤压土顶管的优点

不同于普通顶管，挤压土顶管由于不用人工挖土装土，甚至顶管中不出土，使顶进、挖土、装土三道工序连成一个整体，劳动生产率显著提高。

因为土是被挤到工具管内的，因此，管壁四周无超挖现象，只要工具管开始入土时将高程和方向控制好了，则管节前进的方向稳定，不易左右摆动，所以施工质量比较稳定。

采用挤压土顶管还有设备简单、操作简易的优点，故易于推广。

（2）挤压土顶管的适用条件

挤压土顶管技术的应用主要取决于土质；其次为覆土深度、顶近距离、施工环境等。

1）土质条件

含水量较大的黏性土、各种软土、淤泥，由于孔隙较大又具有可塑性，故适于挤压土顶管。

2）覆土深度

覆土深度最少应保证为顶入管道直径的 2.5 倍。覆土过浅可能造成地面变形隆起。

3）顶近距离

挤压土时在同样条件下比掘进顶管方法顶力要大些。因此，顶近距离不宜过长。

4）施工环境

挤压土顶管技术的应用受地面建筑物及地下埋设物的影响。一般距地下构筑物或埋设物的最小间距不小于 1.5m，且不能用于穿越重要的地面建筑物。

2. 出土挤压顶管

出土挤压顶管适用于大口径管的顶进。

（1）挤压土顶管设备

主要设备为带有挤压口的工具管，此外，是割土和运土工具。

1）工具管

挤压工具管与机械掘进所使用的工具管外形结构大致相同，不同者为挤压工具管内部设有挤压口。工具管切口直径大于挤压口直径，两者呈偏心布置，偏心距增大，使被挤压土柱与管底的间距增大，便于土柱装载。所以，合理而正确地确定挤压口的尺寸是采用出土挤压顶管的关键。

2）割土工具

切割的方法较为简单。先用 R 形的卡子将钢丝绳固定在挤压口的里面，沿着挤压口围成将近一圈。挤压口下端将钢丝头固定，并在刃角后 50mm 的地方沿着挤压口将钢丝绳固定，每隔 200mm 左右夹上一个卡子。钢丝绳另一端靠两个直径 80mm 的定滑轮，将钢丝绳拉到卷扬机上缠好。当卷扬机卷紧钢丝绳时。钢丝绳的固定端不动，绳由上端向下将挤压在工具管内的土柱割断。

（2）挤压工艺

施工顺序：安管→项进→输土→测量。

1）安管与普通顶管法施工相同

2）顶进

顶进前的准备工作与普通顶管法施工基本相同，只是增加了一项斗车的固定工作。应事先将割土的钢丝绳用卡子夹好，固定在挤压口周围，将斗车推送到挤压口的前面对好挤压口；再将斗车两侧的螺杆与工具管上的螺杆连接，插上销钉。紧固螺栓，将车身固定。将槽钢式钢轨铺至管外即可顶进。顶进时应连续顶进，直到土柱装满斗车为止。

3）输土

斗车装满土后，松开紧固螺栓，拔出插销使斗车与工具管分离，再将钢丝绳挂在斗车的牵引环上，即可开动卷扬机将斗车拉到工作坑，再由地面起重设备将斗车吊至地面。

4）测量

采用激光测量导向，能保证上下左右的误差在 10~20mm 以内。

三、管道跨越施工

（一）管道穿越水体施工

1. 一般规定

（1）施工前应结合工程详细勘察报告、水文气象资料和设计施工图纸，进行现场调查研究，掌握工程沿线的有关工程地质、水文地质和周围环境情况和资料，以及沿线地下和地上管线建（构）筑物、障碍物及其他设施的详细资料。

（2）施工场地布置、土石方堆弃及成槽排出的土石方等，不得影响航运、航道及水利灌溉。施工中，对危及的堤岸、管线和建筑物应采取保护措施。

（3）沉管和桥管施工方案应征求相关河道管理等部门的意见。施工船舶、水上设备的停靠、锚泊、作业及管道施工时，应符合航政、航道等部门的有关规定，并有专人指挥。

（4）施工前应对施工范围内及河道地形进行校测，建立施工测量控制系统，并可根据需要设置水上、水下控制桩。设置在河道两岸的管道中线控制桩及临时水准点，每侧不应少于两个，且应设在稳固地段和便于观测的位置，并采取保护措施。

（5）管段吊运时，其吊点、牵引点位置宜设置管段保护装置，起吊缆绳不宜直接捆绑在管壁上。

（6）管节进行陆上组对拼装应符合下列规定：

1）作业环境和组对拼装场地应满足接口连接和防腐层施工要求。

2）浮运法沉管施工，应选择溜放下管方便的场地；底拖法沉管施工，组对拼装管段的轴线宜与发送时的管段轴线一致。

3）管节组对拼装时应校核沉管及桥管的长度；分段沉放水下连接的沉管，其每段长度应保证水下接口的纵向间隙符合设计和安装连接要求；分段吊装拼接的桥管，其每段接口拼接位置应符合设计和吊装要求。

4）钢管、聚乙烯管、聚丙烯管组对拼装的接口连接应符合《给水排水管道工程施工及验收规范》的有关规定，且钢管接口的焊接方法和焊缝质量等级应符合设计要求。

5）钢管内、外防腐层施工应符合《给水排水管道工程施工及验收规范》的规定和设计要求。

6）沉管施工时，管节组对拼装完成后，应对管道（段）进行预水压试验，合格后方可进行管节接口的防腐处理和沉管铺设。

7）组对拼装后管道（段）预水压试验应按设计要求进行；设计无要求时，试验压力应为工作压力的两倍，且不得小于 1.0MPa，试验压力达到规定值后保持恒压 10min，不得有降压和渗水现象。

（7）沉管施工采用斜管连接时，其斜坡地段的现浇混凝土基础施工，应自下而上进行浇筑，并采取防止混凝土下滑的措施。

（8）沉管和桥管段与斜管段之间应采用弯管连接。钢制弯头处的加强措施应符合设计要求；钢筋混凝土弯头可现浇或预制。混凝土强度和抗渗性能不应低于设计要求。

（9）与陆上管道连接的弯管，在支墩施工前应按设计要求对弯管进行临时固定，以免发生位移、沉降。

（10）沉管和桥管工程的管道功能性试验应符合下列规定：

1）给水管道宜单独进行水压试验，并应符合《给水排水管道工程施工及验收规范》的相关规定。

2）超过 1km 的管道，可不分段进行整体水压试验。

3）大口径钢筋混凝土沉管，也可按《给水排水管道工程施工及验收规范》附录 F 的规定进行检查。

（11）处于通航河道时，夜间施工应有保证通航的照明。沉管应按国家航运部门有关规定设置浮标或在两岸设置标志牌，标明水下管线的位置；桥管应按国家航运部门的有关规定和设计要求设置防冲撞的设施或标志，桥管结构底部高程应满足通航要求。

2.施工方法的选择

穿越水体的管道施工方法，应根据水下管道长度和管径、水体深度、水体流速、水底土质、航运要求、管道使用年限、潮汐和风浪情况等因素确定。

（1）以倒虹管穿越河底的施工方法时，可采用顶管、围堰和浮运沉管等施工方法。倒虹管通常采用钢管和塑料管。对于小管径、短距离的倒虹管，可采用铸铁管，但宜采用柔性接口，重力管线上的倒虹管可采用钢筋混凝土管；当采用金属管道时，应对金属管加强防腐措施。

1）在河底埋设给水管道时，为保证不间断供水，过河段一般宜设置双线，且位于河床、河岸不受冲刷的地段。两端应设置阀门井、排气阀与排水装置。为了防止河底冲刷而损坏管道，不通航河流管道顶部距河底高差应不小于0.5m；通航河流其高差应不小于1.0m。

2）在河底埋设排水管道的要求与施工方法，与给水管道河底埋管基本相同。

（2）河面跨越的施工方法有沿公路桥敷设和管桥架设等方法。

3.围堰法施工

围堰是一种临时施工设施，常用于河面不甚宽广，水流不急且不通航的河流中，其作用是将水中施工部位围护起来，以便在其中进行正常施工；管道埋设至河岸处时，可先拦截一半河宽的河流修筑围堰，然后用水泵抽干堰中河水，再在堰内开挖沟槽，铺筑管线；管线铺筑后，塞住管端管口，回填沟槽。拆除第一道围堰，回填沙土，使水流在此河床上部通过，然后拦截另一半河宽的水流，建造第二道围堰；用水泵抽干第二道围堰中的河水，开挖沟槽并接管，完工后清除第二道围堰。

围堰施工时，应估计到施工期间河水的最高水位不致淹没堰顶。修筑围堰时，迎水流方向的堰体应做得平缓些，尽量减少河水的冲刷。围堰背水面坡底与沟槽边的安全距离，应根据坝、堰体高度和迎水面水深、沟槽深度、水下地质情况及施工时的运输堆土排水设施等因素确定。

（1）土堰

土堰是围堰最简单地结构形式，土围堰堰顶宽度当不行驶机动车辆时不应小于1.5m。堰内边坡坡度不宜陡于1∶1；堰外边坡坡度不宜陡于1∶2。常用于水深在1.5m以内，水流缓慢，无冲刷作用的河流；当流速较大时，外坡面宜用草皮、柴排（树枝），毛石或装土草袋等加以防护。

填筑土堰前，应先将修堰河坡及河床处的各种树根乱石清除，并沿堰的纵轴挖土，直至挖出硬土层的槽道，或沿堰坡脚打入短桩，然后分层填筑。填筑土堰宜采用砂质黏土。

（2）草（麻）袋围堰

草（麻）袋围堰的堰顶宽宜为1~2m，堰外边坡坡度视水深及流速确定，宜为（1∶0.5）~（1∶1.0）；堰内边坡坡度宜为（1∶0.2）~（1∶0.5）。草（麻）袋装土量宜为草（麻）袋容量的2/3，袋口应缝合，不得漏土。草（麻）袋围堰可用黏土填心防渗。在流速较大处，堰外边坡草（麻）袋内可填装粗沙或砾石，以防冲刷。土袋堆码时应平整密实，相互错缝。

（3）草捆土围堰

草捆土围堰应采用未经碾压的新鲜稻草或麦秸，其长度不应小于50cm。围堰堰底宽度宜为水深的1.5~3倍。堰体的草与土应铺筑平整，厚度均匀。围堰填筑前，应清除堰底处河床上的树根石块表面淤泥及杂物等。围堰采用松散的黏性土时，不得含有石块、垃圾、木料等杂物，冬期施工时不应使用冻土。草捆土围堰填筑出水面后，或干筑土围堰时，填土应分层压实。

草捆土围堰施工时，应符合下列规定：

1）每个草捆长度宜为150~180cm；直径宜为40~50cm，迎水面和转弯处草捆应用麻绳捆扎，其他部位宜采用草绳捆扎。

2）草捆拉绳应采用麻绳，直径宜为2cm，长度可按草捆预计下沉位置确定，宜为水深的三倍。

3）草捆铺设应与堰体的轴线平行。草捆与草捆之间的横向应靠紧，纵向搭接应呈阶梯状，其搭接长度可按该层草捆所处水深确定。当水深等于或小于3m时，其搭接长度应为草捆长度的1/2；当水深大于3m时，其搭接长度应为草捆长度的2/3。

4）草捆层上面宜用散草先将草捆间的凹处填平，再垂直于草捆铺设散草，其厚度宜为20cm。

5）散草层上面的铺土，应将散草全部覆盖，其厚度宜为30~40cm。

6）堰体下沉过程中，应随下沉速度放松拉绳，保持草捆下沉位置。沉底后应将拉绳固定在堰体上。

（4）板桩围堰

板桩围堰适用于河水较深，河床土壤容许打桩的河流。板桩围堰是用垂直木板桩来代替土堰背水坡的一种结构，这种围堰不但可减少土堰的断面尺寸，还可减少水流的渗透。对于水面宽且水深流急的河流，应考虑采用钢板桩围堰，但仅能在泥沙河床的条件下采用。采用钢板桩时，钢板桩的顶端应设有吊孔，并用钢板补强加固。钢板桩搬运起吊时，应防止锁口损坏或由于自重而导致变形。在堆存期间，应防止变形及锁口内积水。

当起吊设备允许时，钢板桩可由2~3块拼成组合桩，每隔3~6m用夹具夹紧，夹具应与围堰形式相符。组拼时应在锁口内填充防水混合料。夹具夹紧后，应采用油灰和棉絮捻塞拼接缝。插打钢板桩应符合下列规定：插打前，在锁口内应涂抹防水混合料；吊装钢板桩，当起重设备高度不够需要改变吊点位置时，吊点位置不得低于桩顶以下1/3桩长；钢板桩可采用锤击、震动或辅以射水等方法下沉。但在黏土中，不宜采用射水。锤击时应设桩帽；插打时，必须有可靠的导向设备，宜先将全部钢板桩逐根或逐组插打稳定，然后依次打到设计高程。如能保证钢板桩插打垂直时，可将每根或每组钢板桩一次锤打到设计高程；最初插打的钢板桩，应详细检查其平面位置和垂直度。当发现倾斜时，应立即纠正；接长的钢板桩，其相邻两钢板桩的接头位置，应上下错开，不得小于2m；在同一围堰内采用不同类型的钢板桩时，应将两种不同类型钢板桩的各一半拼接成异型钢板桩；钢板桩因倾斜无法合拢时，应采用特制的楔形钢板桩，楔形的上下宽度之差不得超过桩长的 2%。

（5）管道埋设

在河床埋管应考虑防止冲刷的措施，当河底土质不好时，应做管基础。当河底为流沙时，应于管道两侧加设固定桩，避免管道在流沙运动下发生滚动。

（6）围堰拆除

围堰拆除时应从下游开始，由堰顶至堰底，背水面至迎水面，逐步拆除。如采用爆破法拆除时，应采取安全措施。拔出钢板桩前，应向堰内灌水，使堰内外水位相等。拔桩应由下游开始。

4. 管道浮沉法施工

当管线穿越河道时，可采用水下开槽、利用漂浮法运管，然后管内充水，下沉就位，恢复河床的方法进行施工，称为管道浮沉法施工。

（1）水下基槽开挖

水下沟槽常用挖泥船、吸泥泵或索铲开挖。开挖前，应对管位进行测量放样复核，开挖成槽过程中应及时进行复测；根据工程地质和水文条件因素，以及水上交通和周围环境要求，结合基槽设计要求选用浚挖方式和船舶设备；应在两岸设立固定中心标志。按照测量好的管道在河底的铺筑位置，在河两岸设置岸标，并以此确定沟槽的开挖方向。岸标应设置为两对，分别表示出沟槽开挖的两条边线，并不时采用经纬仪校测沟位。

（2）沉管管基

管道及管道接口的基础，所用材料和结构形式应符合设计要求，投料位置应准确；基槽宜设置基础高程标志，整平时可由潜水员或专用刮平装置进行水下粗平和细平；管基顶面高程和宽度应符合设计要求；采用管座、桩基时，施工应符合国家相关标准、规范的规定，管座、基础桩位置和顶面高程应符合设计和施工要求。

（3）组对拼装管道（段）沉放

1）水面浮运法施工前，组对拼装管道下水浮运时，应符合下列规定：

岸上的管节组对拼装完成后进行溜放下水作业时，可采用起重吊装，专用发送装置、牵引拖管、滑移滚管等方法下水，对于潮汐河流还可利用潮汐水位差下水。

下水前，管道（段）两端管口应进行封堵；采用堵板封堵时，应在堵板上设置进水管、排气管和阀门。

管道（段）溜放下水、浮运、拖运作业时应采取措施防止管道（段）防腐层损伤，局部损坏时应及时修补。

管道（段）浮运时，若浮运所承受浮力不足以使管漂浮时，可在两旁系结刚性浮筒、柔性浮囊或捆绑竹、木材等；管道（段）浮运应适时进行测量定位。

管道（段）采用起重浮吊吊装时，应正确选择吊点，并进行吊装应力与变形验算。

应采取措施防止管道（段）产生超过允许的轴向扭曲、环向变形、纵向弯曲等现象，并避免外力损伤。

2）水面浮运至沉放位置进行沉管。为防止河道因涨落潮或汛期水位的变化影响管道拖运或浮运，通常以常水位进行，不宜在洪水季节进行。在沉放前应做好相关准备工作。

5. 水下沟槽回填

管节（段）沉放经检验合格后应及时进行稳管和回填沟槽。回填时，采用重压、投抛沙石将管道拐弯处固定后，再均匀回填沟槽。水下部位的沟槽应连续回填满槽；水上部位应分层回填夯实。如水流速度大，可在管顶以上不少于 15cm 处再填压一层石笼，然后用土或沙砾石回填满槽。

沟槽回填时，回填材料应符合设计要求，回填应均匀，并不得损伤管道；水下部位应连续回填至满槽，水上部位应分层回填夯实；回填高度应符合设计要求，并满足防止水流冲刷、通航和河道疏浚要求；采用吹填回土时，吹填土质应符合设计要求，取土位置及要求应征得航运管理部门的同意，且不得影响沉管管道；采用原开挖沟槽的设备，也可采用潜水工在水下操纵水枪进行回填。为防止管道被强力水流冲移，可用桩加固。管道回填完以后，应进行水压试验，以检验最后的施工质量。应及时做好稳管和回填的施工及测量记录。

（二）桥管施工

桥管适用于自承式平管桥的给排水钢管道跨越工程施工。桥管管道施工应根据工程具体情况确定施工方法，管道安装可采取整体吊装、分段悬臂拼装、在搭设的临时支架上拼装等方法。桥管的下部结构、地基与基础及护岸等工程施工和验收应符合桥梁工程的有关国家标准、规范的规定。

1. 桥管工程施工方案内容

（1）施工布置图及剖面图。

（2）桥管吊装施工方法的选择及相应的技术要求。

（3）吊装前地上管节组对拼装方法。

（4）管道支架安装方法。

（5）施工各阶段的管道强度、刚度稳定性验算。

（6）管道吊装测量控制方法。

（7）施工机械设备数量与型号的配备。

（8）水上运输航线的确定，通航管理措施。

（9）施工场地临时供电、供水、通信等设计。

（10）水上、水下等安全作业和航运安全的保证措施。

2. 桥管施工准备

（1）桥管的地基与基础、下部结构工程经验收合格，并满足管道安装条件。

（2）墩台顶面高程、中线及孔跨径，经检查满足设计和管道安装要求；与管道支架底座连接的支承结构、预埋件已找正合格。

（3）应对不同施工工况条件下临时支架、支承结构、吊机能力等进行强度、刚度及稳定性验算。

（4）待安装的管节（段）应符合下列规定：钢管组对拼装及管件、配件、支架等经检验合格；分段拼装的钢管，其焊接接口的坡口加工、预拼装的组对满足焊接工艺、设计和施工吊装要求；钢管除锈、涂装等处理符合有关规定；表面附着污物已清除；已按施工方案完成各项准备工作。

3. 管道敷设

将管道敷设在桥梁上的施工方法就是尽可能地利用原建或拟建的公路桥梁进行铺设。该方法施工较为简单，常用的方法有吊环法、托架法、桥台法和管沟架设法。

（1）吊环法

在公路桥的桥旁已留有吊装位置或公路桥在设计时已预先留下敷设管道位置的情况下，采用吊环将过河管道固定于公路桥一侧；

（2）托架法

托架法就是先在已建桥的桥旁焊出钢支架，然后把钢管或铸铁管等过河管材直接敷设在钢支架上；

（3）桥台法

桥台法就是将过河管材架设在已建公路桥的桥墩旁边。桥墩的间距应小于过河管材管道托架要求改道的间距；

（4）管沟法

根据设计要求，公路桥在修建时，已在人行道下面预留有管沟。过河管材如钢管、铸铁管或钢筋混凝土管等，可直接铺设在预留的管沟内。

桥管采用分段拼装时，应进行管道位置挠度的跟踪测量，必要时应进行应力跟踪测量；高空焊接拼装作业时应设置防风、防雨设施，并做好安全防护措施；分段悬臂拼装时，每管段轴线安装的挠度曲线变化应符合设计要求。

4. 拱管

拱管也是管道河面跨越施工的一种重要形式，仅适用于钢管。它是利用自身的拱来作为支撑结构的，能起到一管两用的作用。由于拱是受力结构、强度较大，再加上管壁较薄，造价经济，因此常用于跨度较大的河流上，可通过立杆法进行安装。

（1）弯管

拱管的弯制方法有两种，一种是先接后弯法；另一种则是先弯后接法。但是，无论是采用先接后弯法还是先弯后接法，在管道焊接之后，均须进行充氧试验或油渗试验，以检查管道渗漏情况。

（2）立杆

当管径较小，水面较窄时，可采用两根拔杆分立于河流两侧，每边一根，其中一根为独脚拔杆，另一根是摇头拔杆。起吊前，先将拱管摆置在两个管架（或镇墩）的中间，吊装时两根拔杆同时起吊。

（3）安装

在拔杆或悬臂将拱管提起后，应立即送至两个管架上就位。由于管架上水平托架已经焊死，因此，拱管左右位置不致出现偏差。前后位置以两端托架为准，如有差错，可以用拔杆或悬臂予以调整；而拱管的垂直度，可以用经纬仪在两端观测，用风绳予以校正。

在拱管的两个托架安装并校正以后，即可焊接。若发现托架与管身之间有空隙，可用铁片嵌入后再行施焊。水平托架一经焊死，随即将斜托架焊上，再用经纬仪观测拱管轴线，检查有否偏差。拱管安装时，应把握拱管的矢高比为 1/6~1/8，通常采用 1/8，为避免拱管下垂、变形或开裂，应在拱管中部加设临时钢索。

拱管安装完毕后，应做通水试验，并观测拱管轴线与管架变位情况，必要时可采取措施，予以纠偏。如遇到水面较窄的河流，可采用履带式吊车安装，此法可以减少管子位移与立装拔杆等工作，从而加速施工进度，其安装要求与立杆安装法基本相同。

5. 架空管

常见的架空管有支柱式架空管和桁架式架空管两种形式。

（1）支柱式架空管

支柱式架空管适用于河宽较窄，两岸地质条件较好的老土地段。在施工前，应征得航运部门、航道管理部门及农田水利规划部门的同意，并协商确定管底标高、支柱断面和支柱跨度等。常用的支柱有钢筋混凝土桩架式或预制支柱。

（2）桁架式架空管

桁架式架空管适用于地质条件良好及地形稳定的施工地段。施工时，可先在两岸装置桁架，再由桁架支撑着管道穿过河面。这种施工方法可避免水下操作，但必须在具备良好的吊装设施的条件下进行。常用的桁架形式有双曲拱桁架、悬索桁架和斜拉索三种。

第四节　管道支吊架的安装

1. 管道支架形式

管道支架的作用是支撑管道，也可限制管道的变形和位移。支架安装是管道安装的重要环节。根据支架对管道的制约情况，可分为固定支架和活动支架。

管道支架按材料可分为钢支架和混凝土支架等。按形状可分为悬臂支架、三角支架、门形支架、弹簧支架、独柱支架等。按支架的力学特点可分为刚性支架和柔性支架。

选择管道支架，应考虑管道的强度、刚度；输送介质的温度、工作压力；管材的线性膨胀系数；管道运行后的受力状态及管道安装的实际位置情况等。同时，还应考虑制作和安装的实际成本。

（1）管道上不允许有任何位移的地方应设置固定支托架。

（2）允许管道沿轴线方向自由移动时设置活动支架，有托架和吊架两种形式。托架活动支架中的简易式，其 U 形卡只固定一个螺帽，管道在卡内可自由伸缩。

（3）托钩与管卡。托钩一般用于室内横支管、支管等的固定；立管卡用来固定立管，一般多采用成品。

2. 管道支架安装

（1）支架安装位置的确定

支架的安装位置依据管道的安装位置确定，首先根据设计要求定出固定支架和补偿器的位置，然后再确定活动支架的位置。

1）固定支架位置的确定

固定支架的安装位置由设计人员在施工图纸上给定，其位置确定时主要是考虑管道热补偿的需要。利用在管路中的合适位置布置固定点的方法，把管路划分成不同的区段，使两个固定点间的弯曲管段满足自然补偿，直线管段可利用设置补偿器进行补偿，使整个管路的补偿问题得以解决。由于固定支架要承受很大的推力，故必须有坚固的结构和基础，所以它是管道中造价较高的构件。

2）活动支架位置的确定

活动支架的安装在图纸上不予给定，而是在施工现场根据实际情况并参照表的支架间距（有坡度的管道可根据水平管道两端点间的距离及设计坡度计算出两点间的高差），在墙上按标高确定两点位置。根据各种管材对支架间距的要求拉线画出每个支架的具体位置。若土建施工时已预留孔洞，预埋铁件也应拉线放坡检查其标高，位置及数量是否符合要求。

（2）管道支架安装方法

支架的安装方法主要是指支架的横梁在墙体或构件上的固定方法，现场安装以托架安装工序较为复杂。结合实际情况可用栽埋法、膨胀螺栓法、射钉法、预埋焊接法、抱柱法安装。

1）栽埋法

适用于墙上直形横梁的安装，安装步骤和方法是：在已有的安装坡度线上画出支架定位的十字线和打洞的方块线，打洞，浇水（用水壶嘴往洞顶上沿浇水，直至水从洞下沿流出）。填实砂浆直至抹平洞口，插栽支架横梁。栽埋横梁必须拉线（即将坡度线向外引出），使横梁端部 U 形螺栓孔中心对准安装中心线（对准挂线），填塞碎石挤实洞口，在横梁找平、找正后，抹平洞口处灰浆。

2）膨胀螺栓法

适用于角形横梁在墙上的安装。做法是：按坡度线上支架定位十字线向下量尺，画出上下两膨胀螺栓安装位置十字线后，用电钻钻孔，孔径等于套管外径，孔深为套管长度加 15mm，与墙面垂直；清除孔内灰渣，套上锥形螺栓，拧上螺母，打入墙孔，直至螺母与墙平齐，用扳手拧紧螺母直至胀开套管后打横梁穿入螺栓，用螺母紧固在墙上。

3）射钉法

多用于角形横梁在混凝土结构上的安装。做法是：按膨胀螺栓法定出射钉位置十字线，用射钉枪射入 8~12mm 的射钉，紧固角形横梁。

4）预埋焊接法

在预埋的钢板上弹上安装坡度线，作为焊接横梁的端面安装标高控制线，将横梁垂直焊在预埋钢板上，并使横梁端面与坡度线对齐，先电焊校正后焊牢。

5）抱柱法

管道沿柱子安装时，可用抱柱法安装支架。做法是：把柱上的安装坡度线用水平尺引至柱子侧面，弹出水平线作为抱柱托架端面的安装标高线，用两条双头螺栓把托架紧固于柱子上。托架安装一定要保持水平，螺母应紧固。

结　语

城市给排水系统的规划设计是一个复杂的动态的设计过程，完整的规划设计需要协调考虑各方面的因素。城市化进程的不断加快，使城市得以快速发展，城市人口的急剧膨胀及工业的快速发展，迫使人们对给排水系统的要求不断提升。原有的城市给排水系统已越来越无法适应当前社会快速发展的需求，所以需要一个更为合理、先进的系统来保证城市人们对基础设施的需求。城市给排水系统规则设计是一个不断发展的体系，具有动态性，需要不断跟上社会发展的需求来保证设计的实用性及优秀性。本书分析了城市市政给排水规划设计的要求，并对城市市政给排水规划设计的主要内容进行了说明；同时，进一步提出了如何加强城市给排水系统规划问题的对策。

城市给排水系统通常包括水源系统、用水系统、给水系统、排水系统、回用系统和雨水系统。这是城市基础设施的重要组成部分，直接关系着城市的发展和居民的正常生产生活。所以合理的对城市给排水系统进行规划和设计是非常重要的，这是城市整体规划和设计的重要部分。但在当前我国的各城市规划和设计中，却没有一套完整的城市给排水系统，从而使本来就紧缺的水资源没有得到合理地利用，严重制约了城市的正常发展速度。

城市给排水系统进行整体规划，是当前水系统整体改善管理的发展方向。从整体出发实行整体规划，在各个地方合理安排排水通道，进行统一管理，通过改良计算出最好的供水方案，有效地运用区域内的水资源，合理展示供水设施，节约工程投资，减小供水消耗与费用。

给排水系统的正常运行是城市稳定发展的重要标志，如果设计不合理，城市运行产生的废水不能够及时排出，就会对城市居民的生存环境造成不良影响。积水过后不能及时清理路面，不仅会减少道路使用寿命，且稍有不慎，还会给市民人身安全和财产造成影响。因此，有关部门一定要重视给排水的设计，一定要通过正规渠道，正确设计给排水系统。因为这不仅是一个系统，更是一个城市稳定发展的基石，应当参照多方内容多次考察综合决定最优方案，使给排水系统最大限度地发挥作用，保障城市的可持续发展。

参 考 文 献

[1] 中国标准出版社编. 城镇水务技术标准汇编给排水产品设备卷 [M]. 北京：中国标准出版社. 2021.

[2] 中国标准出版社编. 城镇水务技术标准汇编给排水基础卷 [M]. 北京：中国标准出版社. 2020.

[3] 张杨，李助军. 城市轨道交通车站消防与给排水系统运行与维护 [M]. 成都：西南交通大学出版社. 2020.

[4] 孙明，王建华，黄静主编. 建筑给排水工程技术 [M]. 长春：吉林科学技术出版社. 2020.

[5] 李孟珊主编. 给排水工程施工技术 [M]. 太原：山西人民出版社. 2020.

[6] 刘俊红，翟国静，孙海梅主编. 给排水工程施工技术（全国水利水电高职教研会规划教材）[M]. 北京：中国水利水电出版社. 2020.

[7] 边喜龙主编. 给排水工程施工技术 [M]. 北京：中国建筑工业出版社. 2019.

[8] 张健. 建筑给水排水工程. 第 4 版 [M]. 北京：中国建筑工业出版社. 2018.

[9] 刘建文著. 给排水理论与技术 [M]. 哈尔滨：东北林业大学出版社. 2018.

[10] 吴喜军，彭敏主编. 建筑给水排水工程技术 [M]. 长春：吉林大学出版社. 2018.

[11] 张伟著. 给排水管道工程设计与施工 [M]. 郑州：黄河水利出版社. 2020.

[12] 赵世明主编. 建筑排水新技术手册 [M]. 北京：中国建筑工业出版社. 2020.

[13] 梁政. 铁路（高铁）及城市轨道交通给排水工程设计 [M]. 成都：西南交通大学出版社. 2019.

[14] 李红艳，许洪建，倪建华主编. 市政道路与给排水工程设计 [M]. 海口：南方出版社. 2018.

[15] 陈侠著. 城市给排水系统设计导论 [M]. 北京：中国水利水电出版社. 2018.

[16] 项元红编著. 建筑给排水工程设计与实例 [M]. 合肥：安徽科学技术出版社. 2018.

[17] 李可，张秀梅编著. AutoCAD 给排水设计与天正给排水 TWT 工程实践 2014 中文版 [M]. 北京：清华大学出版社. 2017.

[18] 王鹏，许鹏，余世娇主编. 给排水设计 BIM 实战应用 [M]. 西安：西安交通大学出版社. 2017.

[19] 于文波主编. 建筑给水排水工程实训 [M]. 北京：中国建筑工业出版社. 2019.

[20] 吴嫡主编.建筑给水排水与暖通空调施工图识图 100 例 [M]. 天津：天津大学出版社.2019.

[21] 黄敬文.给水排水管道工程（全国高职高专给排水工程技术专业规划教材）第 2 版 [M].郑州：黄河水利出版社.2018.

[22] 田耐著.建筑给排水工程技术 [M].天津：天津科学技术出版社.2018.

[23] 王丽娟，李杨，龚宾主编.给排水管道工程技术 [M].北京：中国水利水电出版社.2017.

[24] 张思梅；葛军；李敬德编.城镇给排水技术（高等职业教育土建类"教、学、做"理实一体化特色教材)[M].北京：中国水利水电出版社.2017.

[25] 赵金辉主编.给排水科学与工程实验技术 [M].南京：东南大学出版社.2017.

[26] 陈亚萍主编.乡镇给排水技术 [M].北京：中国水利水电出版社.2016.

[27] 王水生著.建筑给排水工程技术研究 [M].长春：吉林科学技术出版社.2016.

[28] 陈志民编著.天正给排水完全实战技术手册 [M].北京：清华大学出版社.2016.

[29] 马伟文，宋小飞主编.给排水科学与工程实验技术 [M].广州：华南理工大学出版社.2015.

[30] 边龙喜主编；田长勋副主编；范柳先主审.给排水工程施工技术 [M].北京：中国建筑工业出版社.2015.